KB189711

2023
가천대 약술형 논술고사

수학

2023학년도 가천대 약술형 모의고사
일필휘지 수학

1판 1쇄 발행 2022년 4월 29일

지은이 대입논술연구소

편집 홍새솔   마케팅 박가영   총괄 신선미

펴낸곳 하움출판사   펴낸이 문현광

이메일 haum1000@naver.com   홈페이지 haum.kr
블로그 blog.naver.com/haum1007   인스타 @haum1007

ISBN 979-11-6440-974-7 (53410)

목차

1장

수학 Ⅰ

1.
지수와 로그

01 $\sqrt{2\sqrt[3]{2}} = 2^k$을 만족시키는 실수 k의 값을 구하는 과정을 서술하시오.

02 연립부등식 $\begin{cases} \left(\dfrac{3}{5}\right)^{x+3} < \left(\dfrac{25}{9}\right)^{x-2} \\ 4^{x-1} < \sqrt{2^{x+4}} \end{cases}$ 의 해가 $\alpha < x < \beta$일 때, $\dfrac{\beta}{\alpha}$의 값

을 구하는 과정을 서술하시오.

03 두 함수 $f(x) = |x-3|$, $g(x) = \log_3 x$가 있다. 정수 k에 대하여 $k \le (g \circ f)(n) \le k+2$를 만족시키는 자연수 n의 개수를 $h(k)$라 할 때, $h(0) + h(1) + h(2)$의 값을 구하는 과정을 서술하시오.

04 두 함수 $f(x) = \log_{\sqrt{2}} x$, $g(x) = 6 - x$에 대하여 $\left(\dfrac{1}{3}\right)^{|f(x)|} \leq \left(\dfrac{1}{3}\right)^{|g(x)|}$ 을 만족시키는 모든 자연수 x의 합을 구하는 과정을 서술하시오.

05 방정식 $13x^{\log_{\sqrt{13}} x} = x^2$의 모든 실근의 곱을 구하는 과정을 서술하시오.

06 닫힌 구간 [2, 4]에서 함수 $f(x) = 9 \times \left(\dfrac{1}{3}\right)^x \left(\dfrac{1}{5}\right)^{x-2}$의 최솟값을 구하는 과정을 서술하시오.

07 모든 자연수 n에 대하여 곡선 $y = 3^{x-1} - 1$과 직선 $y = (-1 + \log_2 n)x + 1$가 직선 $y = 2$와 만나는 점을 각각 A, B라 하자. 두 점 A, B 사이의 거리를 $f(n)$이라 할 때, $|f(n) - 3| \geq \dfrac{7}{2}$을 만족하는 모든 자연수 n의 합을 구하는 과정을 서술하시오.

08 $\log_3 56 + \log_{\frac{1}{9}} 64 - 2\log_{\sqrt{3}} 7$의 값을 구하는 과정을 서술하시오.

09 6의 다섯 제곱근 중 실수인 것을 a라 할 때 $a^4 \times (a^{-2})^3 \div a^{\frac{1}{2}}$의 값을 구하는 과정을 서술하시오.

10 두 함수 $f(x)=3^x$, $g(x)=\log_3 x$에 대하여 함수 $h(x)=f(g(x))$일 때, 방정식 $(x^3-1)(x+1)+=1=x^2 h(x)$의 모든 실근의 합을 구하는 과정을 서술하시오.

11 두 양수 x, y가 $\log_2(x+3y)=3$, $\log_2 x + \log_2 y = 1$을 만족시킬 때 x^2+9y^2의 값을 구하는 과정을 서술하시오.

12 다음 조건을 만족시키는 세 정수 a, b, c를 더한 값을 k라 할 때, k의 최댓값과 최솟값의 차를 구하는 과정을 서술하시오.

(가) $1 \leq a \leq 5$ (나) $\log_2(b+a) = 3$ (다) $\log_2(c-b) = 2$

13 1보다 큰 세 실수 a, b, c가 $\log_a b = \dfrac{\log_b c}{4} = \dfrac{\log_c a}{16}$ 를 만족시킬 때, $\log_a b + \log_b c + \log_c a$의 값을 구하는 과정을 서술하시오.

14 $0 < a < 1$인 a에 대하여 10^a을 4로 나눌 때, 몫이 정수이고 나머지가 3이 되는 모든 a의 값의 합을 구하는 과정을 서술하시오.

15 정의역이 $\{ x \mid -1 < x < 1 \}$일 때, 함수 $y = \log \dfrac{4001 + x}{1 - x}$의 치역을 구하는 과정을 서술하시오.

2.
지수함수와 로그함수

01 $\log_2 160 - \log_8 125$의 값을 구하는 과정을 서술하시오.

02 100 이하의 자연수 n에 대하여 $(\sqrt[3]{5^2})^{\frac{5}{2}}$이 어떤 자연수의 n제곱근이 되도록 하는 n의 개수를 구하는 과정을 서술하시오.

03 $\log_3(7-\sqrt{22})+\log_3(7+\sqrt{22})$의 값을 구하는 과정을 서술하시오.

04 $2019^x = 100$, $0.2019^y = 10$일 때, $\dfrac{2}{x} - \dfrac{1}{y}$의 값을 구하는 과정을 서술하시오.

05 $a = \log_3(2 + \sqrt{3}\,)$일 때, $\dfrac{3^a - 3^{-a}}{3^a + 3^{-a}}$의 값을 구하는 과정을 서술하시오.

06 서로 다른 두 양의 실수 a, b에 대하여 $\dfrac{1}{\log_a b} + \dfrac{2}{\log_b a} = 3$일 때, $\dfrac{b^2}{a}$의 값을 구하는 과정을 서술하시오.

07 함수 $y = a^{x-m} - 2$의 그래프와 그 역함수의 그래프가 두 점에서 만나고, 두 교점의 x좌표가 -1과 3일 때, $a + m$의 값을 구하는 과정을 서술하시오.

08 함수 $y = 6^{x-1}$의 그래프가 두 점 $(a, 36)$, $(1, b)$를 지날 때, $a+b$의 값을 구하는 과정을 서술하시오.

09 함수 $y = 2^x$의 그래프를 x축의 방향으로 m만큼, y축의 방향으로 -3만큼 평행이동한 그래프가 점 $(-1, 1)$을 지날 때, 상수 m의 값을 구하는 과정을 서술하시오.

10 함수 $y = 2\log_7(x^2 - 4x + 11) - 1$의 최솟값을 구하는 과정을 서술하시오.

11 함수 $f(x) = 2\log_3 x - 1$에 대하여 함수 $g(x)$가 $(g \circ f)(x) = x$를 만족시킬 때, $g(5)$의 값을 구하는 과정을 서술하시오.

12 부등식 $2\log_2 x \le \log_2(5x+14)$를 만족시키는 정수 x의 개수를 구하는 과정을 서술하시오.

13 함수 $y = \log_2 x$의 그래프를 x축의 방향으로 a만큼 평행이동한 그래프가 함수 $y = \log_b x - a$의 그래프와 점 $(3, 2)$에서 만날 때, $a+b$의 값을 구하는 과정을 서술하시오.

14 어떤 벽을 투과하기 전의 전파의 세기를 A라 하고, 그 벽을 투과하여 나온 전파의 세기를 B라 할 때, 이 벽의 전파감쇄비 F를 $10\log\dfrac{B}{A}$라 하자. 어떤 벽을 투과하기 전의 전파의 세기가 투과하여 나온 전파의 세기의 5배일 때, 이 벽의 전파 감쇄비를 구하는 과정을 서술하시오. (단, $\log 2 = 0.3$으로 계산한다.)

15 정의역이 $\{x\,|-2 \le x \le 3\}$인 두 함수 $f(x) = 3^x + 4$, $g(x) = \left(\dfrac{1}{2}\right)^x - 1$에 대하여 함수 $f(x)$의 최댓값과 함수 $g(x)$의 최댓값의 곱을 구하는 과정을 서술하시오.

3.
삼각함수

01 이차방정식 $5x^2 + 3x + k = 0$의 두 근을 $\sin\theta$, $\cos\theta$라 할 때, 상수 k의 값을 구하는 과정을 서술하시오.

02 반지름의 길이가 6cm이고, 호의 길이가 9cm인 부채꼴의 중심각의 크기 θ와 넓이 S를 구하는 과정을 서술하시오.

03 $\sin\theta + 3\cos\theta = 0$일 때, $\sin\theta - \cos\theta$의 값을 구하는 과정을 서술하시오. (단, $\dfrac{3}{2}\pi \leq \theta \leq 2\pi$)

04 이차방정식 $x^2 - 2x + k = 0$의 두 근을 $\sin\theta, \cos\theta$라 할 때, $\sin^2\theta, \cos^2\theta$를 두 근으로 하는 이차방정식이 $x^2 + ax + b = 0$ 이다. 상수 a, b에 대하여 $a^2 + b^2$의 값을 구하는 과정을 서술하시오. (단, k는 상수이다.)

05 $\cos\theta = \dfrac{1}{3}$일 때, $\tan^2\theta - \dfrac{1}{\tan^2\theta}$의 값을 구하는 과정을 서술하시오. (단, $0 < \theta < \dfrac{\pi}{2}$)

06 $\sin^2 1^\circ + \sin^2 2^\circ + \sin^2 3^\circ + \cdots + \sin^2 89^\circ + \sin^2 90^\circ$의 값을 구하는 과정을 서술하시오.

07 함수 $y = |\cos x - 2| - 1$의 최댓값과 최솟값을 구하는 과정을 서술하시오.

08 부등식 $-3\tan x < 2\cos x \left(-\dfrac{\pi}{2} \leq x \leq \dfrac{\pi}{2} \right)$을 푸는 과정을 서술하시오.

09 삼각형 ABC에서 $a = 20$, $A = 45°$, $C = 60°$일 때, c의 값을 구하는 과정을 서술하시오.

10 삼각형 ABC에서 $a = 5, b = 10, C = 60°$일 때, c의 값을 구하는 과정을 서술하시오.

11 삼각형 ABC에서 $a = 4, b = 5, c = 6$일 때, 외접원의 반지름 길이를 구하는 과정을 서술하시오.

12 삼각형 ABC의 $A = 30\degree$, $B = 60\degree$이고, 외접원의 반지름 길이가 6일 때, 삼각형 ABC의 넓이를 구하는 과정을 서술하시오.

13 x에 대한 이차방정식 $x^2 - 3ax - a^2 = 0$의 두 근이 $\sin\theta, \cos\theta$일 때, 양수 a의 값을 구하는 과정을 서술하시오.

14 $0 \le x \le 2\pi$에서 방정식 $5\sin x + 2 = 0$을 만족시키는 모든 x의 값의 합을 θ라 할 때, $\cos\dfrac{2}{3}\theta$의 값을 구하는 과정을 서술하시오.

15 삼각형 ABC에서 $2\sin A = 2\sqrt{3}\,\sin B = 3\sin C$가 성립할 때, $\cos A$의 값을 구하는 과정을 서술하시오.

4.
수열의 합과 수학적 귀납법

01 첫째항이 a인 수열 $\{a_n\}$이 모든 자연수 n에 대하여 $a_{n+1} = \begin{cases} a_n - 1 \ (a_n \geq 2) \\ a_n + 2 \ (a_n < 2) \end{cases}$ 을 만족시킬 때, $a_3 = 3$이 되도록 하는 모든 a의 값의 합을 구하는 과정을 서술하시오.

02 수열 $\{a_n\}$이 모든 자연수 n에 대하여 $(3n^2 - 2n)a_{n+1} = n^2 a_n$을 만족시킨다. $a_1 = 2$일 때, a_5의 값을 구하는 과정을 서술하시오.

03 $\displaystyle\sum_{k=1}^{6} \frac{1}{k} - \sum_{k=1}^{7} \frac{1}{k+2}$의 값을 구하는 과정을 서술하시오.

04 수열 1, 1+3, 1+3+5, …의 첫째항부터 제n항까지의 합을 구하는 과정을 서술하시오.

05 $\displaystyle\sum_{n=1}^{5} \frac{6}{n(n+2)}$의 값을 구하는 과정을 서술하시오.

06 $a_1 = -1, a_2 = 1, a_{n+1} = \dfrac{a_{n+2} - a_n}{2}$ $(n = 1, 2, 3, \cdots)$으로 정의된 수열 $\{a_n\}$에 대하여 $\displaystyle\sum_{n=1}^{6} a_n$의 값을 구하는 과정을 서술하시오.

07 $\displaystyle\sum_{k=1}^{n} k^3 = \left\{ \dfrac{n(n+1)}{2} \right\}^2$ $(n = 1, 2, 3, \cdots)$이 성립함을 수학적 귀납법을 통해 증명하는 과정을 서술하시오.

08 $\sum\limits_{k=1}^{n} k^2 = \dfrac{n(n+1)(2n+1)}{6}$ $(n=1, 2, 3, \cdots)$이 성립함을 수학적 귀납법을 통해 증명하는 과정을 서술하시오.

09 등식 $5+6+7+ \cdots + n = 143$을 만족시키는 자연수 n의 값을 구하는 과정을 서술하시오.

10 어떤 자연수 m에 대하여 수열 a_n이 $\displaystyle\sum_{k=1}^{m} a_k = -1$, $\displaystyle\sum_{k=1}^{m} a\frac{2}{k} = 4$를 만족시킨다. $\displaystyle\sum_{k=1}^{m} (a_k + 3)^2 = 59$일 때, m의 값을 구하는 과정을 서술하시오.

5.
등차수열과 등비수열

01 〈제4항〉이 6, 〈제9항〉이 24인 등차수열이 있다. 이 수열의 〈제15항〉을 구하는 과정을 서술하시오.

02 첫째항이 −50, 공차가 4인 등차수열에서 처음으로 양수가 되는 항은 제 몇 항인지 구하는 과정을 서술하시오.

03 100과 200 사이에 있는 자연수 중 6의 배수의 총합을 구하는 과정을 서술하시오.

04 공비가 1이 아닌 양수인 등비수열 $\{a_n\}$이 다음 조건을 만족시킬 때, $\dfrac{a_7}{a_3}$의 값을 구하는 과정을 서술하시오.

$$(\text{가}) \sum_{n=1}^{10} a_n a_{n+1} = 10 \times \sum_{n=1}^{10} a_{n+2} \quad (\text{나}) \, a_{12} = 120 - a_2$$

05 공비가 0이 아닌 등비수열 $\{a_n\}$에 대하여 $a_1 = 2$, $a_5 - 8a_2 = 0$일 때, $\sum_{k=1}^{7} \left(\dfrac{a_{k+1} - a_k}{a_{k+1} a_k} \right) = \dfrac{q}{p}$이다. $p - q$의 값을 구하는 과정을 서술하시오. (단, p와 q는 서로소인 자연수이다.)

06 첫째항이 4이고 공비가 r인 등비수열 $\{a_n\}$에 대하여 $a_n > 1$,

$\displaystyle\sum_{n=1}^{8} \dfrac{\log_{a_{n+1}} 2}{\log_8 a_n} = 3$일 때, a_{17}의 값을 구하는 과정을 서술하시오.

07 공차가 양수인 등차수열 $\{a_n\}$에 대하여 $a_6 + a_{15} = 0$, $|a_6| + |a_{15}| = 36$일 때, a_{22}의 값을 구하는 과정을 서술하시오.

08 $a_n = \sum\limits_{k=1}^{n-1} k$에 대하여 $\sum\limits_{k=1}^{n} \dfrac{1}{a_k} = \dfrac{13}{7}$일 때, n의 값을 구하는 과정을 서술하시오.

09 공차가 4인 등차수열 $\{a_n\}$과 $\{a_n\}$의 첫째항부터 제n항까지의 합 S_n이 $S_4 - a_2 = 5$를 만족시킬 때, $\sum\limits_{k=1}^{5} \dfrac{1}{a_k}$의 값을 구하는 과정을 서술하시오.

10 수열 $\{a_n\}$의 첫째항부터 제n항까지의 합 S_n이 $S_n = (2n+1)^2$일 때, $a_1 + a_7$의 값을 구하는 과정을 서술하시오.

11 등차수열 $-12, x_1, x_2, \cdots, x_n, 24$의 공차가 3일 때, 자연수 n의 값을 구하는 과정을 서술하시오.

12 수열 $\{a_n\}$의 첫째항부터 제n항까지의 합 S_n이 $S_n = n^2 - 2n$일 때, a_8의 값을 구하는 과정을 서술하시오.

13 등비수열 $\{a_n\}$에 대하여 $a_1 - a_4 = 36$, $a_1 + a_2 + a_3 = 12$일 때, a_7의 값을 구하는 과정을 서술하시오.

14 첫째항이 2, 제5항이 14를 만족하는 등차의 공차를 구하는 과정을 서술하시오.

15 첫째항이 30, 제n항이 -10, 첫째항부터 제n항까지의 합이 100인 등차수열의 제7항을 구하는 과정을 서술하시오.

2장

수학 II

1.
함수의 극한과 연속

01 $\lim\limits_{x \to 1}(-x^2 + 5x)$의 값을 구하는 과정을 서술하시오.

02 $\lim_{x \to 2}(x - [x])$의 값을 구하는 과정을 서술하시오. (단, $[x]$는 x보다 크지 않은 최대의 정수)

03 닫힌 구간 $[0, \ 3]$에서 함수 $y = f(x)$의 그래프가 다음 그림과 같을 때 $\lim_{x \to 2+} f(x-1) + \lim_{x \to 1-} f(2x)$의 값을 구하는 과정을 서술하시오.

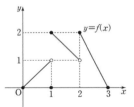

04 다음 $\lim_{x \to \infty} \dfrac{4x^2 - 3x + 2}{2x^2 + x + 5}$의 값을 구하는 과정을 서술하시오.

05 다음 $\lim_{x \to -2} \dfrac{x^2 + 5x + 6}{x + 2}$의 값을 구하는 과정을 서술하시오.

06 함수 $f(x)$가 모든 양수 x에 대하여 $3x - 1 < f(x) < \dfrac{3x^2 + 2x + 1}{x + 1}$ 을 만족시킬 때, $\displaystyle\lim_{x \to \infty} \dfrac{f(x)}{x}$의 값을 구하는 과정을 서술하시오.

07 $\displaystyle\lim_{x \to \infty} (\sqrt{ax^2 + 2x + 3} - \sqrt{x^2 + ax + 2}) = b$일 때, $a + b$의 값을 구하는 과정을 서술하시오. (단, a, b는 상수)

08 함수 $f(x)$에 대하여 $\displaystyle\lim_{x\to0}\frac{f(x)}{x}=3$일 때, $\displaystyle\lim_{x\to0}\frac{9x^2-x+3f(x)}{3x^2+2x-2f(x)}$ 의 값을 구하는 과정을 서술하시오.

09 다항함수 $f(x)$가 $\displaystyle\lim_{x\to1}\frac{f(x)}{x-1}=2$, $\displaystyle\lim_{x\to3}\frac{f(x-1)}{x}=1$을 만족시킬 때 $\displaystyle\lim_{x\to2}\frac{f(x-1)f(x)}{x-2}$의 값을 구하는 과정을 서술하시오.

10 다음 그림과 같이 곡선 $y = \sqrt{x}$ 위에 원점이 아닌 점 $A(t, \ \sqrt{t})$ 가 있다. 선분 OA의 중점 M을 지나고 직선 OA와 수직인 직선이 x축과 만나는 점의 x좌표를 $f(t)$, y축과 만나는 점의 좌표를 $g(t)$ 라고 할 때, $\displaystyle\lim_{t \to 0} \dfrac{\{g(t)\}^2}{2f(t)-1}$의 값을 구하는 과정을 서술하시오.

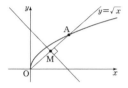

11 함수 $f(x) = \dfrac{x+1}{x^2+2x-3}$이 $x = a$, $x = b$에서 불연속일 때, $a+b$ 의 값을 구하는 과정을 서술하시오. (단, a, b는 상수)

12 $x \neq 1$인 모든 실수 x에서 연속인 함수 $f(x)$에 대하여 $(x+1)f(x)$ $= \dfrac{1}{x-1} + \dfrac{1}{2}$일 때, $f(-1)$의 값을 구하는 과정을 서술하시오.

13 함수 $f(x) = \begin{cases} \dfrac{x^2 - 2x + a}{x+1} & (x < -1) \\ 3x + b & (x \geq -1) \end{cases}$가 $x = -1$에서 연속일 때, ab의 값을 구하는 과정을 서술하시오. (단 a, b는 상수)

함수의 극한과 연속 **51**

14 연속함수 $f(x)$에 대하여 $f(-3)=0$, $f(-2)=1$, $f(-1)=2$, $f(0)=-2$, $f(1)=-1$, $f(2)=4$일 때, 방정식 $f(x)=x+1$은 열린 구간 $(-3,\ 2)$에서 적어도 몇 개의 실근을 갖는지 서술하시오.

15 $\lim\limits_{x \to 2}\left\{\dfrac{1}{x^2-2x}\left(\dfrac{1}{\sqrt{x+7}}-\dfrac{1}{3}\right)\right\}$의 값을 구하는 과정을 서술하시오.

2.
미분

01 곡선 $y = f(x)$ 위의 임의의 점 $P(x, y)$에서의 미분계수가 $6x^2 - 18$ 이고, 함수 $f(x)$의 극댓값이 $10\sqrt{3}$, 극솟값이 m일 때, m^2의 값을 구하는 과정을 서술하시오.

02 함수 $f(x)$의 도함수가 $f'(x)=9x^2+4x+a$이다. $f(0)=3$, $f'(1)=6$ 일 때, $f(-1)$의 값을 구하는 과정을 서술하시오. (단, a는 상수이다.)

03 함수 $y=\dfrac{1}{3}x^3-2x^2+1$을 미분하는 과정을 서술하시오.

04 $\lim\limits_{x \to 1} \dfrac{x^n - 5x + 4}{x - 1} = 10$을 만족시키는 자연수 n의 값을 구하는 과정을 서술하시오.

05 지면으로부터 높이가 25m인 지점에서 지면과 수직으로 던져 올린 물체의 t초 후의 높이를 $h(t)$m라 하면 $h(t) = -5t^2 + 20t + 25$인 관계가 성립한다. 이 물체가 지면에 떨어지는 순간의 속력(m/s)를 구하는 과정을 서술하시오.

06 함수 $f(x) = x^2 - 3x$에 대하여 구간 $[1, 2]$에서 롤의 정리를 만족시키는 실수 c의 값을 구하는 과정을 서술하시오.

07 함수 $f(x) = x^2 + 4x$에 대하여 구간 $[0, 2]$에서 평균값 정리를 만족시키는 실수 c의 값을 구하는 과정을 서술하시오.

08 가로의 길이가 12, 세로의 길이가 8인 직사각형 모양의 종이의 네 꼭짓점에서 한 변의 길이가 x인 정사각형을 잘라 내고 남은 부분으로 뚜껑이 없는 직육면체를 만들 때, 이 직육면체의 부피의 최댓값을 구하는 과정을 서술하시오.

09 곡선 $y = x^2$ 위의 세 점 $A(a, a^2)$, $B(a+3, (a+3)^2)$, $C(t, t^2)$에 대하여 삼각형 ABC의 넓이가 최대가 되도록 하는 t의 값을 $f(a)$라 할 때, $\{f(k)\}^2 = \dfrac{1}{4}$이 되도록 하는 모든 실수 k의 값의 곱을 구하는 과정을 서술하시오. (단, $a < t < a+3$)

10 함수 $f(x) = (x^2 + ax)(x^4 - 2x^3 + 4x^2)$에 대하여 $f'(1) = 30$일 때, 상수 a의 값을 구하는 과정을 서술하시오.

11 함수 $f(x) = \begin{cases} 4x^2 + a & (x < 1) \\ ax^3 + 4x & (x \geq 1) \end{cases}$ 이 $x = 1$에서 미분 가능할 때, 상수 a의 값을 구하는 과정을 서술하시오.

12 함수 $f(x) = 2x^3 - 6x^2 + ax + 2$가 극값을 갖지 않기 위한 정수 a의 최솟값을 구하는 과정을 서술하시오.

13 함수 $f(x) = \displaystyle\sum_{n=1}^{20} \dfrac{x^{n+1}}{n+1}$에 대하여 $f'\left(\dfrac{1}{3}\right) = \dfrac{q}{p}$일 때, $\dfrac{p}{2} - q$의 값을 구하는 과정을 서술하시오. (단, p, q는 서로소인 자연수이다.)

14 점 $(-2, 0)$에서 곡선 $y = x^3 - \frac{11}{2}x^2 - \frac{39}{2}$에 그을 수 있는 접선의 개수를 a, 접선과 접점의 x좌표의 합을 b라 할 때, $a+b$의 값을 구하는 과정을 서술하시오.

15 최고차항의 계수의 절댓값이 1인 삼차함수 $f(x) = ax^3 + bx^2 - 2x - 4b$의 역함수가 존재하도록 하는 b의 최댓값을 n이라 할 때, $f(an)$의 값을 구하는 과정을 서술하시오. (단, b는 자연수이다.)

3.
적분

01 $\displaystyle\int_{1}^{4} \frac{1}{x\sqrt{x}}\,dx$의 값을 구하는 과정을 서술하시오.

02 $\displaystyle\int_{-1}^{3}(x^3-3x^2+3x-1)dx$의 값을 구하는 과정을 서술하시오.

03 모든 실수 x에 대하여 $f(x)=f(-x)$인 다항함수 $f(x)$가 $\displaystyle\int_{2}^{6}xf(x-4)dx=8$일 때 $\displaystyle\int_{0}^{2}f(x)dx$의 값을 구하는 과정을 서술하시오.

04 구간 $[0,1]$에서 연속이고 $f(0)=1$인 삼차함수 $f(x)=ax^3+bx^2+cx+d$가 있다. 함수 $f(x)\displaystyle\int_0^1 f(x)dx = \int_0^1 xf(x)dx = \int_0^1 x^2 f(x)dx = 0$를 만족시킬 때, $f(1)$의 값을 구하는 과정을 서술하시오.

05 다항함수 $f(x)$와 상수 a가 모든 실수 x에 대하여 $f(x)=x^2-x+a-\displaystyle\int_1^x f(t)dt$를 만족시킬 때, $f(7)$의 값을 구하는 과정을 서술하시오.

06 정적분 $\displaystyle\int_1^8 \frac{x^3}{x-3}\,dx + \int_{-1}^6 \frac{27}{x-1}\,dx$의 값을 구하는 과정을 서술하시오.

07 함수 $f(x)=\begin{cases} x^2+3x+2 & (x \geq 0) \\ 5x+2 & (x < 0) \end{cases}$에 대하여 $\displaystyle\int_{-5}^{-2} xf(x)\,dx + \int_{-2}^2 xf(x)\,dx$의 값을 구하는 과정을 서술하시오.

08 $\int_{-a}^{a} (4x^3 + 3x^2 + 2x + 4) = 10$일 때, 실수 a의 값을 구하는 과정을 서술하시오.

09 곡선 $y = x^3 + 4x^2$과 x축으로 둘러싸인 부분의 넓이를 구하는 과정을 서술하시오.

10 $\displaystyle\int_1^4 (x-2)|x-2|\,dx$의 값을 구하는 과정을 서술하시오.

11 다항함수 $f(x)$가 모든 실수 x에 대하여 $\displaystyle\int_2^x f(t)\,dt$ $= x^3 - x^2 + \displaystyle\int_0^1 xf(t)\,dt$를 만족시킬 때, $f'(3)$의 값을 구하는 과정을 서술하시오.

12 다항함수 $f(x)$가 모든 실수 x에 대하여 $f(x) + \displaystyle\int_0^x \{t^3 + f'(t)\}dt$
$= \dfrac{5}{4}x^4 - \dfrac{1}{4}x^3 + 2x + 5$를 만족시킨다. $\displaystyle\int_0^1 \{f(x) + f'(x)\}dx = \dfrac{q}{p}$일
때, $p+q$의 값을 구하는 과정을 서술하시오.

13 등차수열 $\{a_n\} = 4n-3$에 대하여 함수 $f(x)$가
$f(x) = 3x^2 + \displaystyle\int_0^x \sum_{k=1}^n a_n\, dn$일 때, $f'(a_2)$의 값을 구하는 과정을 서술
하시오.

14 두 곡선 $y = (x-2)^2$, $y = -x^2 + 4x - 2$으로 둘러싸인 부분의 넓이를 A, 곡선 $y = x^2$과 직선 $y = 2x + 3$으로 둘러싸인 부분의 넓이를 B 라 할 때, 3(A+B)의 값을 구하는 과정을 서술하시오.

15 다항함수 $f(x)$가 모든 실수 x에 대하여 $\displaystyle\int_1^x f(t)\,dt = 4x^3 - 3ax^2 - a$ 를 만족시킬 때, $f'(f(a))$의 값을 구하는 과정을 서술하시오.

3장

실전 논술고사

1.
수학 Ⅰ

01 $\left(1 + 2\sin\dfrac{\pi}{3}\right)\left(1 - 3\tan\dfrac{\pi}{6}\right)$의 값을 구하는 과정을 서술하시오.

02 $\sin x + \cos x = \dfrac{\sqrt{5}}{2}$일 때, $\sin x \cos x$의 값을 구하는 과정을 서술하시오.

03 $\sin\theta + \cos\theta = \dfrac{1}{3}$일 때, $\tan\theta + \dfrac{1}{\tan\theta}$의 값을 구하는 과정을 서술하시오.

04 $\sin\theta = -\dfrac{2}{3}$일 때, $\dfrac{\cos\theta}{\tan\theta}$의 값을 구하는 과정을 서술하시오.

05 $\log_2|\cos 1560\,^\circ\,| + \log_2|\tan 135\,^\circ\,|$의 값을 구하는 과정을 서술하시오.

06 $\dfrac{2^{\sqrt{5}+1}}{2^{\sqrt{5}-1}}$의 값을 구하는 과정을 서술하시오.

07 $\dfrac{1}{\sqrt[4]{3}} + 3^{-\frac{3}{4}}$의 값을 구하는 과정을 서술하시오.

08 세 양수 a, b, c에 대하여 $a^2 = 5$, $b^8 = 7$, $c^{20} = 10$일 때 $(abc)^n$이 자연수가 되는 최소의 자연수 n의 값을 구하는 과정을 서술하시오.

09 실수 a가 $\dfrac{3^a + 3^{-a}}{3^a - 3^{-a}} = -2$를 만족시킬 때, $9^a + 9^{-a}$의 값을 구하는 과정을 서술하시오.

10 자연수 n이 $2 \le n \le 20$일 때, $-n^2 + 12n - 20$의 n 제곱근 중에서 음의 실수가 존재하도록 하는 모든 n의 값의 합을 구하는 과정을 서술하시오.

11 $\log_{12}3 + \log_{12}4$의 값을 구하는 과정을 서술하시오.

12 $\log_{14}2 + \log_{14}7$의 값을 구하는 과정을 서술하시오.

13 두 양수 a, b에 대하여 $\log_3 a = 48$, $\log_3 b = 8$일 때, $\log_b a$의 값을 구하는 과정을 서술하시오.

14 두 양수 a, b에 대하여 $\log_2 a = 63$, $\log_2 b = 9$일 때, $\log_b a$의 값을 구하는 과정을 서술하시오.

15 첫째항부터 제10항까지의 합이 7이고, 제11항부터 제20항까지의 합이 14인 등비수열의 제21항부터 제30항까지의 합을 구하는 과정을 서술하시오.

2.
수학 II

01 함수 $f(x) = x^3 - 3x - 1$에 대하여 방정식 $|f(x)| = a$의 서로 다른 실근의 개수가 4가 되도록 하는 자연수 a의 값을 구하는 과정을 서술하시오.

02 함수 $f(x) = \begin{cases} x^3 + ax & (x < 1) \\ bx^2 + x + 1 & (x \geq 1) \end{cases}$이 $x = 1$에서 미분 가능할 때, $a + b$의 값을 구하는 과정을 서술하시오. (a, b는 상수)

03 점 $(2, -2)$를 지나고 곡선 $y = x^3 - 2x^2 - x + 2$에 접하는 직선의 개수를 a, 모든 접점을 x좌표의 합을 b라 할 때, $a + b$의 값을 구하는 과정을 서술하시오.

04 두 함수 $f(x) = 2x^3 - 3$, $g(x) = -x^2 + 3x - 1$에 대하여 $\lim\limits_{h \to 0} \dfrac{f(3h)g(3h) - 3}{h}$의 값을 구하는 과정을 서술하시오.

05 두 함수 $f(x) = 4x^3 - 3x^2$, $g(x) = 6x - a$에 대하여 $-1 \leq x \leq 2$일 때, $f(x) \geq g(x)$를 만족시키는 실수 a의 최솟값을 구하는 과정을 서술하시오.

06 $\displaystyle\lim_{x\to n}\frac{[x]^2+4x}{[x]}$의 극한값이 존재할 때, 정수 n의 값과 그 극한값을 차례로 구하는 과정을 서술하시오. (단, $[x]$는 x보다 크지 않은 최대 정수이다.

07 서로 다른 두 실수 α, β에 대하여 $\alpha+\beta=1$일 때, $\displaystyle\lim_{x\to\infty}\frac{\sqrt{x+\alpha^2}-\sqrt{x+\beta^2}}{\sqrt{9x+\alpha}-\sqrt{9x+\beta}}$의 값을 구하는 과정을 서술하시오.

08 구간 $[1,\ 6]$에서 $f(x) = \begin{cases} 2x+5 & (1 \le x \le 2) \\ x^3+k & (2 < x \le 6) \end{cases}$ 로 정의되고, 모든 실수 x에 대하여 $f(1+x) = f(1-x)$를 만족시키는 함수 $f(x)$가 주어진 구간에서 연속일 때, $f(-4)$의 값을 구하는 과정을 서술하시오.

09 모든 실수 x에서 미분 가능한 함수 $f(x)$에 대하여 $\lim\limits_{x \to a} \dfrac{xf(3x) - af(3a)}{x - a}$의 값을 구하는 과정을 서술하시오.

10 삼차함수 $f(x) = ax^3 + bx^2 + cx + d$에 대하여 $f(0) = 0$, $f'(0) = 3$, $f'(1) = 0$, $f'(-1) = 0$을 만족시키고 $f(x) = 0$의 양의 근을 t라 할 때, $\lim\limits_{x \to t} \dfrac{f(x)}{x-t}$의 값을 구하는 과정을 서술하시오.

11 수직선 위를 움직이는 두 점 P, Q의 시각 t에서 위치를 각각 x_P, x_Q라고 하면 $x_P = t^2 - 4t$, $x_Q = t^2 - 10t$일 때, 두 점 P, Q가 서로 반대 방향으로 움직이는 t의 값의 범위가 $a < t < b$일 때, $a \times b$의 값을 구하는 과정을 서술하시오. (단, a, b는 상수이다.)

12 함수 $f(x) = x - a$의 부정적분이 $x = 3$에서 최솟값을 갖도록 하는 상수 a의 값을 구하는 과정을 서술하시오.

13 함수 $f(x) = 6x^2 - 8x + 3$에 대하여 $\displaystyle\int_0^1 f(x)\,dx + \int_1^2 f(x)\,dx$ 의 값을 구하는 과정을 서술하시오.

14 $\int_{-2}^{2} (10x^4 - 6x + 7)\, dx$의 값을 구하는 과정을 서술하시오.

15 함수 $f(x) = \begin{cases} ax + b & (x \geq 2) \\ x^2 - ax & (x < 2) \end{cases}$ 가 $x = 2$에서 미분 가능할 때, $a - b$의 값을 구하는 과정을 서술하시오.

01 양수 a에 대하여 주기가 $\dfrac{\pi}{4}$인 함수 $y = 2\cos a(2x - 1) + 2$의 최댓 값을 M, 최솟값을 m이라 할 때, $M + m + a$의 값을 구하는 과정을 서술하시오.

02

$\overline{\mathrm{AB}}$를 지름으로 하는 원 위의 서로 다른 두 점 C, D에 대하여 $\angle \mathrm{CAB} = \dfrac{\pi}{4}$, $\angle \mathrm{DAB} = \dfrac{\pi}{6}$일 때, 두 삼각형 CAD, CDB의 넓이를 각각 S_1, S_2라 하자. $\dfrac{S_2}{S_1}$의 값을 구하는 과정을 서술하시오. (단, 두 선분 AB, CD는 한 점에서 만난다.)

03

x에 관한 방정식 $\log_2(x+1) + \log_2(x+3) = 3$을 만족하는 실수 x의 값을 구하는 과정을 서술하시오.

04 $0 < \theta < \dfrac{\pi}{2}$인 θ에 대하여 $\cos\theta = \dfrac{\sqrt{5}}{5}$일 때, $\tan\left(\theta - \dfrac{\pi}{4}\right)$의 값을 구하는 과정을 서술하시오.

05 반지름의 길이가 3이고 중심각의 크기가 $\dfrac{5}{6}\pi$인 부채꼴의 호의 길이와 넓이는 각각 $a\pi$, $b\pi$이다. $a+b$의 값을 구하는 과정을 서술하시오.

06 수열 $\{a_n\}$의 첫째항부터 제n항까지의 합 S_n이 $S_n = (2n+1)^2$일 때, $a_1 + a_7$의 값을 구하는 과정을 서술하시오.

07 첫째항이 a인 수열 $\{a_n\}$이 모든 자연수 n에 대하여 $a_{n+1} = \begin{cases} a_n - 1 \ (a_n \geq 2) \\ a_n + 2 \ (a_n < 2) \end{cases}$ 을 만족시킬 때, $a_3 = 3$이 되도록 하는 모든 a의 값의 합을 구하는 과정을 서술하시오.

08 수열 $\{a_n\}$이 모든 자연수 n에 대하여 $a_1 = 2$, $a_{n+1} = \dfrac{2}{3}a_n$을 만족시 킬 때, $\displaystyle\sum_{n=1}^{\infty} a_n a_{n+1} = \dfrac{q}{p}$이다. $p+q$의 값을 구하는 과정을 서술하시 오. (단, p와 q는 서로소인 자연수이다.)

09 함수 $f(x) = (x^2 + ax)(x^4 - 2x^3 + 4x^2)$에 대하여 $f'(1) = 30$일 때, 상수 a의 값을 구하는 과정을 서술하시오.

10 두 함수 $f(x) = \begin{cases} 3x+4 & (x < 2) \\ -2x+1 & (x \geq 2) \end{cases}$, $g(x) = 3x^2 + a$에 대하여 함수 $f(x)g(x)$가 $x = 2$에서 연속이 되도록 하는 상수 a의 값을 구하는 과정을 서술하시오.

11 $f(0) = f(1) = f(2) = f(3) = k$를 만족하는 최고차항의 계수가 1인 사차함수 $f(x)$가 있다. $f(5) = 144$일 때, $f(6) - f'(6)$의 값을 구하는 과정을 서술하시오.

12 $\displaystyle\lim_{x \to 3}\frac{\sqrt{2x+3}-3}{x-3}$의 값을 구하는 과정을 서술하시오.

13 함수 $f(x)=\begin{cases} x+4 & (x \leq a) \\ x^2-2x & (x > a) \end{cases}$ 가 $x=a$에서 연속일 때, 양수 a의 값을 구하는 과정을 서술하시오.

14 $\displaystyle\lim_{x \to -\infty} \frac{x - \sqrt{x^2-4}}{x+2}$의 값을 구하는 과정을 서술하시오.

15 $\displaystyle\lim_{x \to \infty} \frac{f(x)}{x^2} = 3$일 때, $\displaystyle\lim_{x \to \infty} \frac{3x^3 - xf(x)}{\frac{1}{2}x^3 + f(x)}$의 값을 구하는 과정을 서술하시오.

수학 Ⅰ

1. 지수와 로그

01. $\sqrt{2\sqrt[3]{2}} = \sqrt{2 \times 2^{\frac{1}{3}}} = \sqrt{2^{1+\frac{1}{3}}} = \left(2^{\frac{4}{3}}\right)^{\frac{1}{2}} = 2^{\frac{2}{3}}$ $\therefore k = \dfrac{2}{3}$

02. $\left(\dfrac{3}{5}\right)^{x+3} < \left(\dfrac{25}{9}\right)^{x-2} \Rightarrow \left(\dfrac{3}{5}\right)^{x+3} < \left(\dfrac{3}{5}\right)^{-2x+4}$ 이고, 밑이 1보다 작으므로

$x+3 > -2x+4 \Rightarrow x > \dfrac{1}{3}$ 이다. $4^{x-1} < \sqrt{2^{x+4}} \Rightarrow 2^{2x-2} < 2^{\frac{1}{2}x+2}$ 이고, 밑

이 1보다 크므로 $2x-2 < \dfrac{1}{2}x+2 \Rightarrow x < \dfrac{8}{3}$ 이다.

즉, $\dfrac{1}{3} < x < \dfrac{8}{3}$ 이므로 $\alpha = \dfrac{1}{3}$, $\beta = \dfrac{8}{3}$ 따라서 $\dfrac{\beta}{\alpha} = \dfrac{\dfrac{8}{3}}{\dfrac{1}{3}} = 8$

03. $k \le \log_3 |n-3| \le k+2 \Rightarrow 3^k \le |n-3| \le 3^{k+2}$ 이다.

ⅰ) $k=0$일 때, $1 \le |n-3| \le 9$이므로, $1 \le n < 3$, $3 < n \le 12$이다.

    $\Rightarrow h(0) = 11$

ⅱ) $k=1$일 때, $3 \le |n-3| \le 27$이므로, $6 \le n \le 30$이다. $\Rightarrow h(1) = 25$

ⅲ) $k=2$일 때, $9 \le |n-3| \le 81$이므로, $12 \le n \le 94$이다. $\Rightarrow h(2) = 83$

따라서 $h(0) + h(1) + h(2) = 11 + 25 + 83 = 109$

04. $\left(\dfrac{1}{3}\right)^{|f(x)|} \leq \left(\dfrac{1}{3}\right)^{|g(x)|} \Rightarrow |f(x)| \geq |g(x)|$을 만족시키는 x를 구하자.

$y = |f(x)|$, $y = |g(x)|$의 그래프를 나타내면 다음과 같다.

 $|f(2)| = 2$, $|f(2\sqrt{2})| = 3$, $|g(2)| = 4$, $|g(3)| = 3$

이므로 $|f(x)| \geq |g(x)|$를 만족시키는 자연수 x

의 최솟값은 3이고, $|f(8\sqrt{2})| = 7$, $|f(16)| = 8$,

$|g(13)| = 7$, $|g(14)| = 8$이므로 $|f(x)| \geq |g(x)|$를 만족시키는 자연수 x의

최댓값은 13. 따라서 모든 자연수 x의 합 $= \displaystyle\sum_{n=3}^{13} n = 88$

05. 주어진 식의 양변에 밑이 13인 로그를 취하면 다음과 같다.

$\log_{13} 13 x^{\log_{\sqrt{13}} x} = \log_{13} x^2 = 2\log_{13} x \Rightarrow \log_{13} 13 + \log_{13} x^{\log_{\sqrt{13}} x} = 2\log_{13} x$

$\Rightarrow 1 + \left(\log_{13} x\right)^{\log_{\sqrt{13}} x} = 2\log_{13} x \Rightarrow 2\left(\log_{13} x\right)^2 - 2\log_{13} x + 1 = 0$

방정식의 실근을 α, β라 하면 근과 계수의 관계에 의해 $\log_{13}\alpha + \log_{13}\beta$

$= \log_{13}\alpha\beta = 1$이므로 $\alpha\beta = 13$

06. $f(x) = 9 \times \left(\dfrac{1}{3}\right)^x \times 25 \times \left(\dfrac{1}{5}\right)^x = 225 \times \left(\dfrac{1}{15}\right)^x$

$f(x)$는 감소함수이므로 최솟값은 $f(5) = 225 \times \dfrac{1}{15^4} = \dfrac{1}{225}$

07. $3^{x-1}-1=2 \Rightarrow x=2$, $A(2,2)$

$(-1+\log_2 n)x+1=2 \Rightarrow x=\dfrac{1}{\log_2 n-1}$, $B\left(\dfrac{1}{\log_2 n-1},2\right)$

$n=2$이면 직선 $y=2$와 만나지 않으므로 $n \neq 2$

$f(n)=\overline{AB}=\left|2-\dfrac{1}{\log_2 n-1}\right|=2-\dfrac{1}{\log_2 n-1}$

$\left|-\dfrac{1}{\log_2 n-1}-3\right| \geq \dfrac{7}{2} \Rightarrow \dfrac{1}{\log_x n-1}+3 \geq \dfrac{7}{2} \Rightarrow \dfrac{1}{\log_2 n-1} \geq \dfrac{1}{2}$

$\Rightarrow 0<\log_2 n-1 \leq 2 \Rightarrow 1<\log_2 n \leq 3 \Rightarrow 2<n \leq 8$

$\therefore\ 3+4+5+6+7+8=33$

08. $\log_3 56+\log_{\frac{1}{9}}64-2\log_{\sqrt{3}}7=\log_3 56-\dfrac{1}{2}\log_3 64-\log_3 7$

$=\log_3 56-\log_3 8-\log_3 7=0$

09. $a=\sqrt[5]{6}=6^{\frac{1}{5}}$이므로 $a^4 \times (a^{-2})^3 \div a^{\frac{1}{2}}=a^4 \times a^{-6} \div a^{\frac{1}{2}}$

$=a^{4-6-\frac{1}{2}}=a^{-\frac{5}{2}}=\left(6^{\frac{1}{5}}\right)^{-\frac{5}{2}}=6^{-\frac{1}{2}}$

10. $f(x)=3^x$과 $g(x)=\log_3 x$는 서로 역함수 관계이므로 $f(g(x))=x$

따라서 주어진 방정식을 정리하면 $(x^3-1)(x^2+1)+1=x^3$

$\Rightarrow (x-1)(x^2+x+1)(x+1)+1=x^3 \Rightarrow (x^2-1)(x^2+x+1)+1=x^3$

$\Rightarrow x^4+x^3+x^2-x^2-x-1+1=x^3 \Rightarrow x^4-x=0 \Rightarrow x(x^3-1)=0$

$\therefore x=0,\ x^3=1 \Rightarrow x=0,\ x=1$

11. $x+3y=2^3, xy=2$

$(x+3y)^2=x^2+6xy+9y^2$

$x^2+9y^2=64-12=52$

12. 조건 (나)의 의해 $b+a=8$이고, 조건 (다)에 의해 c-b = 4. k의 값은
a, b, c의 합이므로 b, c를 모두 a에 관한 식으로 나타내면 b = 8-a, c
= 12-a, k = a+8-a+12-a = 20-a. 따라서 조건 (가)에 의해 최댓값은
19, 최솟값은 15이므로 이 둘의 차는 4.

13. $\log_a b = \dfrac{\log_b c}{4} = \dfrac{\log_c a}{16}$

$\log_a b = \dfrac{\log_b c}{4} = \dfrac{\log_c a}{16} = k \,(k\text{는 양수})$

$\log_a b = k,\ \log_b c = 4k,\ \log_c a = 16k$

이때 $\log_a b \cdot \log_b c = \log_a c$이므로, $k \cdot 4k = \dfrac{1}{16k}$이므로

$64k^3 = 1,\ k = \dfrac{1}{4}$ 따라서 $\log_a b + \log_b c + \log_c a = \dfrac{1}{4} + \dfrac{4}{4} + \dfrac{16}{4} = \dfrac{21}{4}$

14. 10^a를 4로 나누었을 때 몫이 정수이고 나머지가 3이 되는 수는 $10^a = 3$, $7\,(\because 0\langle a \langle 1)$

$a = \log 3, \log 7$이므로 두 수의 합은 $\log 21$

15. $y = \log \dfrac{20001 + x}{1 - x}$는 밑이 1보다 크기 때문에 진수의 값이 커질수록 함숫값이 커진다.

$f(x) = \dfrac{20001 + x}{1 - x}$라 하면, $f(x) = -\dfrac{(x-1) + 20002}{x - 1} = -\dfrac{20002}{x - 1} - 1$

$f(x)$는 정의역이 $\{-1 < x < 1\}$ 이기 때문에 $f(-1) = 10000 < f(x)$

즉 $\log f(x) > \log 10000$이기 때문에 위 함수의 치역은 $\{y \rangle 4\}$

01. $\log_2 160 - \log_8 125 = \log_2 160 - \log_{2^3} 5^3 = \log_2 160 - \log_2 5$

$= \log_2 \dfrac{160}{5} = \log_2 32 = \log_2 2^5 = 5$

02. 어떤 자연수를 N이라 하면 $(\sqrt[3]{5^2})^{\frac{5}{2}}$은 자연수 N의 제곱근이므로

$N = \left\{ (\sqrt[3]{5^2})^{\frac{5}{2}} \right\}^n = (5^{\frac{2}{3}})^{\frac{5n}{2}} = 5^{\frac{5n}{3}}$

N이 자연수이므로 $\dfrac{5n}{3}$은 음이 아닌 정수여야 한다. 즉 $n = 3k$ $(k = 1,$ $2,\ 3,\ \cdots,\ 33)$ 꼴이어야 하므로 구하는 n은 $3,\ 6,\ 9,\ \cdots,\ 99$의 33.

03. $\log_3(7 - \sqrt{22}) + \log_3(7 + \sqrt{22}) = \log_3(7 - \sqrt{22})(7 + \sqrt{22})$

$= \log_3 27 = \log_3 3^3 = 3$

04. $2019^x = 100,\ 0.2019^y = 10$에서 로그의 정의에 의하여

$$x = \log_{2019}100 = 2\log_{2019}10 = \frac{2}{\log_{10}2019},\ y = \log_{0.2019}10 = \frac{1}{\log_{10}0.2019}$$

$$\therefore\ \frac{2}{x} - \frac{1}{y} = \log_{10}2019 - \log_{10}0.2019 = \log_{10}\frac{2019}{0.2019}$$

$$= \log_{10}10000 = \log_{10}10^4 = 4$$

05. $a = \log_3(2+\sqrt{3})$에서 $3^a = 2+\sqrt{3},\ 3^{-a} = \dfrac{1}{2+\sqrt{3}} = 2-\sqrt{3}$

$$\therefore\ \frac{3^{-a}+3^{-a}}{3^a+3^{-a}} = \frac{(2+\sqrt{3})-(2-\sqrt{3})}{(2+\sqrt{3})+(2-\sqrt{3})} = \frac{2\sqrt{3}}{4} = \frac{\sqrt{3}}{2}$$

06. $\dfrac{1}{\log_a b} + \dfrac{2}{\log_b a} = 3$에서 $\log_a b = t$로 놓으면 $\dfrac{1}{t} + 2t = 3,\ 2t^2 - 3t + 1 = 0$

$$(2t-1)(t-1) = 0\ \ \therefore\ t = \frac{1}{2}\ \text{또는}\ t = 1$$

이때 $a,\ b$가 서로 다른 양의 실수이므로 $t \neq 1$ 따라서 $t = \dfrac{1}{2}$

$\log_a b = \dfrac{1}{2}$에서 $b = \sqrt{a}$, 즉 $b^2 = a$ $\ \ \therefore\ \dfrac{b^2}{a} = \dfrac{a}{a} = 1$

07. $y = a^{x-m} - 2$의 그래프와 그 역함수의 그래프의 교점은 $y = a^{x-m} - 2$의

그래프와 직선 $y = x$의 교점과 같으므로 $a^{x-m} - 2 = x$에 $x = -1$을 대입

하면 $a^{-1-m} - 2 = -1$, $a^{-1-m} = 1$ $\therefore$ $m = -1$

또 $a^{x+1} - 2 = x$에 $x = 3$을 대입하면 $a^4 - 2 = 3$, $a^4 = 5$ $\therefore$ $a = \sqrt[4]{5}$

$\therefore$ $a + m = -1 + \sqrt[4]{5}$

08. $y = 6^{x-1}$의 그래프가 점 $(a, 36)$을 지나므로 $36 = 6^{a-1}$, $6^{a-1} = 6^2$ $\therefore$ $a = 3$

$y = 6^{x-1}$의 그래프가 점 $(1, b)$를 지나므로 $b = 6^{1-1} = 6^0 = 1$

$\therefore$ $a + b = 3 + 1 = 4$

09. $y = 2^x$의 그래프를 x축의 방향으로 m만큼, y축의 방향으로 -3만큼 평행

이동한 $y = 2^{x-m} - 3$의 그래프가 점 $(-1, 1)$을 지나므로

$2^{-1-m} - 3 = 1$, $\dfrac{2^{-m}}{2} = 4$, $2^{-m} = 8$ $\therefore$ $m = -3$

10. $f(x) = x^4 - 4x + 11 = (x-2)^2 + 7$로 놓으면 함수 $f(x)$는 $x = 2$일 때 최솟값 7을 가진다. 이때 $f(x) = x^2 - 4x + 11$이 최솟값을 가질 때 주어진 함수도 최솟값을 가진다.

따라서 $y = 2\log_7(x^2 - 4x + 11) - 1$의 최솟값은 $2\log_7 7 - 1 = 2 - 1 = 1$

11. $(g \circ f)(x) = x$를 만족시키는 함수 $g(x)$는 $f(x)$의 역함수이므로

$y = 2\log_3 x - 1$에서 x, y를 서로 바꾸면

$x = 2\log_3 y - 1$, $\dfrac{x+1}{2} = \log_3 y$, $y = 3^{\frac{x+1}{2}}$

즉 $g(x) = 3^{\frac{x+1}{2}}$이므로 $g(5) = 3^{\frac{5+1}{2}} = 3^3 = 27$

12. 로그의 진수는 양수이므로 $x > 0$, $5x + 14 > 0$ $\therefore x > 0$ $\cdots\cdots$ ㉠

$2\log_2 x \leq \log_2(5x + 14)$에서 $x^2 \leq 5x + 14$, $(x-7)(x+2) \leq 0$

$\therefore -2 \leq x \leq 7$ $\cdots\cdots$ ㉡

㉠, ㉡에서 $0 < x \leq 7$ 따라서 구하는 정수 x는 1, 2, 3, 4, 5, 6, 7의 7개.

13. $y = \log a_2 x$의 그래프를 x축의 방향으로 a만큼 평행이동하면 $y = \log_2 (x-a)$

$y = \log_2 (x-a)$의 그래프가 점 $(3, 2)$를 지나므로

$2 = \log_2 (3-a),\ 3-a = 2^2 \quad \therefore\ a = -1$

즉 $y = \log_b x + 1$의 그래프가 점 $(3, 2)$를 지나므로

$2 = \log_b 3 + 1,\ \log_b 3 = 1 \quad \therefore\ b = 3$

$\therefore\ a + b = (-1) + 3 = 2$

14. 어떤 벽을 투과하여 나온 전파의 세기를 a라 하면 투과하기 전의 전파

의 세기는 $5a$이다. 따라서 이 벽의 전파감쇄비는 $10\log \dfrac{a}{5a} = 10\log \dfrac{1}{5}$

$= 10\log \dfrac{2}{10} = 10(\log 2 - 1) = 10(0.3 - 1) = -7$

15. 함수 $f(x) = 3^x$은 x의 값이 증가할 때, $f(x)$의 값도 증가한다. 즉 $x = 3$

일 때 최댓값 $3^3 = 27$이고, $27 + 4 = 31$

함수 $g(x) = \left(\dfrac{1}{2}\right)^x - 1$은 x의 값이 증가할 때, $g(x)$의 값은 감소한다.

즉 $x = -2$일 때 최댓값 $\left(\dfrac{1}{2}\right)^{-2} - 1 = 4 - 1 = 3$

따라서 함수 $f(x)$의 최댓값과 함수 $g(x)$의 최댓값의 곱은 $31 \times 3 = 93$

3. 삼각함수

01. 이차방정식 근과 계수의 관계를 이용하면

$\sin\theta + \cos\theta = \dfrac{3}{5}$, $\sin\theta\cos\theta = \dfrac{k}{5}$

$\sin\theta + \cos\theta = \dfrac{3}{5}$의 양변을 제곱하면 $(\sin\theta + \cos\theta)^2$

$= \sin^2\theta + \cos^2\theta + 2\sin\theta\cos\theta = 1 + \dfrac{2k}{5} = \dfrac{9}{25}$ $\therefore k = -\dfrac{8}{5}$

02. 이차방정식 근과 계수의 관계를 이용하면

$\sin\theta + \cos\theta = \dfrac{3}{5}$, $\sin\theta\cos\theta = \dfrac{k}{5}$

$\sin\theta + \cos\theta = \dfrac{3}{5}$의 양변을 제곱하면

$(\sin\theta + \cos\theta)^2 = \sin^2\theta + \cos^2\theta + 2\sin\theta\cos\theta$

$= 1 + \dfrac{2k}{5} = \dfrac{9}{25}$ $\therefore k = -\dfrac{8}{5}$

03. $\sin\theta + 3\cos\theta = 0$, $\sin\theta = -3\cos\theta$, $\dfrac{\sin\theta}{\cos\theta} = \tan\theta = -3$

$\dfrac{3}{2}\pi \leq \theta \leq 2\pi$이므로 θ는 제4사분면의 각이다.

따라서 $\sin\theta < 0$, $\cos\theta > 0$, $\tan\theta < 0$이고

$\sin\theta = -\dfrac{3\sqrt{10}}{10}$, $\cos\theta = \dfrac{\sqrt{10}}{10}$이다.

$\sin\theta - \cos\theta = -\dfrac{3\sqrt{10}}{10} - \dfrac{\sqrt{10}}{10} = -\dfrac{4\sqrt{10}}{10}$

04. 이차방정식 근과 계수의 관계를 이용하면

$\sin\theta + \cos\theta = 2, \sin\theta\cos\theta = k$

이차방정식 $x^2 + ax + b = 0$에서 근과 계수의 관계를 이용하면

$\sin^2\theta + \cos^2\theta = -a,\ \sin^2\theta\cos^2\theta = b$

$\sin\theta + \cos\theta = 2$의 양변을 제곱하면

$(\sin\theta + \cos\theta)^2 = \sin^2\theta + \cos^2\theta + 2\sin\theta\cos\theta$

$= 1 + 2k = 4 \quad \therefore k = \dfrac{3}{2}$

따라서 $\sin^2\theta + \cos^2\theta = 1,\ \sin^2\theta\cos^2\theta = \dfrac{9}{4}$

05. $0 < \theta < \dfrac{\pi}{2}$이므로 θ는 제1사분면의 각이다.

$\cos\theta = \dfrac{1}{3}$이므로 $\sin\theta = \dfrac{2\sqrt{2}}{3},\ \tan\theta = 2\sqrt{2}$이다.

$\tan^2\theta - \dfrac{1}{\tan^2\theta} = 8 - \dfrac{1}{8} = \dfrac{63}{8}$

06. $\sin(90° - \theta) = \cos\theta$이므로

$\sin 89° = \sin(90° - 1°) = \cos 1°$

$\sin 88° = \sin(90° - 2°) = \cos 2°$

$\vdots$

$\therefore \sin^2 1° + \sin^2 2° + \sin^2 3° + \cdots + \sin^2 89° + \sin^2 90°$

$= (\sin^2 1° + \cos^2 1°) + (\sin^2 2° + \cos^2 2°) + \cdots +$
$\quad (\sin^2 44° + \cos^2 44°) + \sin^2 45° + \sin^2 90°$

$= 1 \times 44 + \dfrac{1}{2} + 1 = \dfrac{91}{2}$

07. $-3 \leq \cos x - 2 \leq 1$이므로 $0 \leq |\cos x - 2| \leq 3$

$-1 \leq |\cos x - 2| - 1 \leq 2$ 따라서 최댓값은 2, 최솟값은 −1이다.

08. $-\dfrac{\pi}{2} \leq x \leq \dfrac{\pi}{2}$에서 $-3\tan x = \dfrac{-3\sin x}{\cos x} < 2\cos x$

$\Rightarrow -3\sin x < 2\cos^2 x = 2(1 - \sin^2 x) \Rightarrow 2\sin^2 x - 3\sin x 2 < 0$

$\Rightarrow (2\sin x + 1)(\sin x - 2) < 0 \Rightarrow -\dfrac{1}{2} < \sin x < 2, \ -1 \leq \sin x \leq 1$

$\Rightarrow -\dfrac{1}{2} < \sin x \leq 1$

$\therefore -\dfrac{\pi}{6} < x \leq \dfrac{\pi}{2}$

09. $\dfrac{a}{\sin A} = \dfrac{c}{\sin C}$이므로

$\dfrac{20}{\sin 45°} = 20\sqrt{2} = \dfrac{c}{\sin 60°} = \dfrac{2}{\sqrt{3}}c \quad \therefore c = 10\sqrt{6}$

10. $c^2 = a^2 + b^2 - 2ab\cos C = 25 + 100 - 100 \times \dfrac{1}{2} = 75$

$\therefore c = 5\sqrt{3}$

11. $c^2 = a^2 + b^2 - 2ab\cos C = 16 + 25 - 40\cos C = 36$

$\therefore \cos C = \dfrac{1}{8},\ \sin C = \dfrac{3\sqrt{7}}{8}$

사인 법칙에 의하여 $\dfrac{a}{\sin A} = \dfrac{b}{\sin B} = \dfrac{c}{\sin C} = 2R$이므로

$\dfrac{6}{\sin C} = \dfrac{8 \times 6}{3\sqrt{7}} = 2R$이고, $\therefore R = \dfrac{8\sqrt{7}}{7}$

12. $A = 30°,\ B = 60°$이므로 $C = 90°$인 직각 삼각형이다.

사인 법칙에 의해 $\dfrac{a}{\sin A} = \dfrac{b}{\sin B} = \dfrac{c}{\sin C} = 2R$이므로

$\dfrac{c}{\sin 90} = 12$ $\therefore c = 12$

$\dfrac{a}{\sin 30°} = \dfrac{b}{\sin 60°} = 12$로 $a = 6,\ b = 6\sqrt{3}$

따라서 넓이는 $\dfrac{1}{2}ab = 18\sqrt{3}$

13. $x^2 - 3ax - a^2 = 0$에서 이차방정식의 근과 계수의 관계에 의하여

$\sin\theta + \cos\theta = 3a$ ······ ㉠

$\sin\theta\cos\theta = -a^2$ ······ ㉡

㉠의 양변을 제곱하면 $1 + 2\sin\theta\cos\theta = 9a^2$ ······ ㉢

㉡을 ㉢에 대입하면 $1 - 2a^2 = 9a^2$, $a^2 = \dfrac{1}{11}$

$\therefore a = \dfrac{\sqrt{11}}{11}$ $(\because a > 0)$

14.

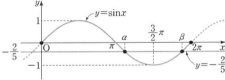

$0 \le x \le 2\pi$에서 $y = \sin x$의 그래프와 직선 $y = -\dfrac{2}{5}$의 교점의 x좌표를 α, $\beta(\alpha < \beta)$라 하면 $\dfrac{\alpha + \beta}{2} = \dfrac{3}{2}\pi$이므로 $\alpha + \beta = 3\pi$

따라서 $\theta = \alpha + \beta = 3\pi$이므로 $\cos\dfrac{2}{3}\theta = \cos 2\pi = 1$

15. $2\sin A = 2\sqrt{3}\sin B = 3\sin C = k(k$는 상수$)$라 하면

$\sin A = \dfrac{k}{2}$, $\sin B = \dfrac{k}{2\sqrt{3}}$, $\sin C = \dfrac{k}{3}$이므로

$\sin A : \sin B : \sin C = \dfrac{k}{2} : \dfrac{k}{2\sqrt{3}} : \dfrac{k}{3} = 3 : \sqrt{3} : 2$

이때 $\sin A = \dfrac{a}{2R}$, $\sin B = \dfrac{b}{2R}$, $\sin C = \dfrac{c}{2R}$이므로,

$\sin A : \sin B : \sin C = a : b : c = 3 : \sqrt{3} : 2$, $a = 3m$, $b = \sqrt{3}m$, $c = 2m(m$은 상수$)$

으로 놓으면 $\cos A = \dfrac{(\sqrt{3}m)^2 + (2m)^2 - (3m)^2}{2 \times \sqrt{3}m \times 2m} = -\dfrac{2}{4\sqrt{3}} = -\dfrac{\sqrt{3}}{6}$

4. 수열의 합과 수학적 귀납법

01. 주어진 점화식을 이용해 a_2, a_1을 구하자. $a_3 = 3$이므로 a_2의 값으로 가능한 것은 1 또는 4이다.

    ⅰ) $a_2 = 1$일 때, a_1의 값으로 가능한 것은 -1 또는 2이다.

    ⅱ) $a_2 = 4$일 때, a_1의 값으로 가능한 것은 5이다.

위의 두 경우에 의해 구하는 모든 a의 값의 합은 $(-1)+2+5=6$

02. $(3n^2 - 2n)a_{n+1} = n^2 a_n$에서 $a_{n+1} = \dfrac{n}{3n-2}a_n$ ······ ㉠

㉠의 n에 1, 2, 3, 4를 차례로 대입하면

$a_2 = a_1 = 2, \quad a_3 = \dfrac{1}{2}a_1 = 1, \quad a_4 = \dfrac{4}{7}a_3 = \dfrac{4}{7}, \quad a_5 = \dfrac{2}{5}a_4 = \dfrac{8}{35}$

03. $\displaystyle\sum_{k=1}^{6} \dfrac{1}{k+1} - \sum_{k=1}^{5} \dfrac{1}{k+2} = \left(\dfrac{1}{2} + \dfrac{1}{3} + \dfrac{1}{4} + \dfrac{1}{5} + \dfrac{1}{6} \right)$

$- \left(\dfrac{1}{3} + \dfrac{1}{4} + \dfrac{1}{5} + \dfrac{1}{6} + \dfrac{1}{7} \right) = \dfrac{1}{2} - \dfrac{1}{7} = \dfrac{5}{14}$

04. $a_n = 1 + 3 + 5 + \cdots + (2n - 1) = n^2$

$$\therefore S_n = \sum_{k=1}^{n} k^2 = \frac{n(n+1)(2n+1)}{6}$$

05. $\displaystyle\sum_{n=1}^{5} \frac{6}{n(n+2)} = 6 \sum_{n=1}^{5} \frac{1}{2} \left(\frac{1}{n} - \frac{1}{n+2} \right)$

$$= 3 \left(1 - \frac{1}{3} + \frac{1}{2} - \frac{1}{4} + \cdots + \frac{1}{4} - \frac{1}{6} + \frac{1}{5} - \frac{1}{7} \right)$$

$$= 3 \left(1 + \frac{1}{2} - \frac{1}{6} - \frac{1}{7} \right)$$

$$= \frac{25}{7}$$

06. 수열 $\{a_n\}$에 대하여 $a_{n+1} = \dfrac{a_{n+2} - a_n}{2}$이므로 $a_{n+2} = a_n + 2a_{n+1}$

$a_3 = a_1 + 2a_2 = -1 + 2 = 1$

$a_4 = a_2 + 2a_3 = 1 + 2 = 3$

$a_5 = a_3 + 2a_4 = 1 + 6 = 7$

$a_6 = a_4 + 2a_5 = 3 + 14 = 17$

따라서 $\displaystyle\sum_{n=1}^{6} a_n = -1 + 1 + 1 + 3 + 7 + 17 = 28$

07. (i) $n = 1$일 때, $\sum\limits_{k=1}^{1} k^3 = 1 = \left\{ \dfrac{1 \times 2}{2} \right\}^2$로 성립한다.

(ii) $n = m$일 때 성립한다고 가정하면, $\sum\limits_{k=1}^{m} k^3 = \left\{ \dfrac{m(m+1)}{2} \right\}^2$

(iii) $n = m + 1$일 때, $\sum\limits_{k=1}^{m+1} k^3 = \sum\limits_{k=1}^{m} k^3 + (m+1)^3$

$\qquad = \left\{ \dfrac{m(m+1)}{2} \right\}^2 + (m+1)^3 = (m+1)^2 \left(\dfrac{m^2}{4} + m + 1 \right)$

$\qquad = (m+1)^2 \left(\dfrac{m^2 + 4m + 4}{4} \right) = (m+1)^2 \left(\dfrac{m+2}{2} \right)^2 = \left\{ \dfrac{(m+1)(m+2)}{2} \right\}^2$

즉, $n = m + 1$일 때도 식이 성립한다.

(i), (ii), (iii)에 의해 모든 자연수 n에 대하여 $\sum\limits_{k=1}^{n} k^3 = \left\{ \dfrac{n(n+1)}{2} \right\}^2$이

성립한다.

08. (i) $n = 1$일 때, $\sum\limits_{k=1}^{1} k^2 = 1 = \dfrac{1 \times 2 \times 3}{6}$로 성립한다.

(ii) $n = m$일 때 성립한다고 가정하면 $\sum\limits_{k=1}^{m} k^2 = \dfrac{m(m+1)(2m+1)}{6}$

(iii) $n = m + 1$일 때, $\sum\limits_{k=1}^{m+1} k^2 = \sum\limits_{k=1}^{m} k^2 + (m+1)^2$

$\qquad = \dfrac{m(m+1)(2m+1)}{6} + (m+1)^2 = (m+1) \left\{ \dfrac{m(2m+1)}{6} + (m+1) \right\}$

$\qquad = (m+1) \left(\dfrac{2m^2 + 7m + 6}{6} \right) = (m+1) \left\{ \dfrac{(m+2)(2m+3)}{6} \right\}$

$\qquad = \dfrac{(m+1)(m+2)(2m+3)}{6}$ 즉, $n = m + 1$일 때도 식이 성립한다.

(i), (ii), (iii)에 의해 모든 자연수 n에 대하여

$\sum\limits_{k=1}^{n} k^2 = \dfrac{n(n+1)(2n+1)}{6}$이 성립한다.

09. $5+6+7+\cdots+n = \displaystyle\sum_{k=5}^{n} k = \sum_{k=1}^{n} k - \sum_{k=1}^{4} k$

$$= \frac{n(n+1)}{2} - \frac{4 \cdot 5}{2}$$

$$= \frac{1}{2}(n^2 + n) - 10 = 143$$

$n^2 + n - 306 = 0,\ (n-17)(n+18) = 0$

$\therefore n = 16(\because n$은 자연수$)$

10. $\displaystyle\sum_{k=1}^{m} (a_k + 3)^2 = \sum_{k=1}^{m} (a_k^2 + 6a_k + 9) = \sum_{k=1}^{m} a_k^2 + 6\sum_{k=1}^{m} a_k + \sum_{k=1}^{m} 9$

$= 4 - 6 + 9m = 59$

따라서 $m = 7$

5. 등차수열과 등비수열

01. 등차수열의 첫째항을 a, 공차를 b, 일반항을 a_n이라 하면 $a_n = a + (n-1)d$

$a_4 = 6 \Rightarrow a + 3d = 6$

$a_9 = 24 \Rightarrow a + 9d = 24$

a_4와 a_9를 연립하면 $a = -3, \ d = 3$ $\therefore a_{15} = a + 14d = -3 + 14 \cdot 3 = 39$

02. 첫째항이 –50, 공차가 4인 등차수열의 일반항을 a_n이라 하면

$a_n = -50 + (n-1) \cdot 4 = 4n - 54$

제n항이 양수인 항이라면 $4n - 54 > 0$ $\therefore n > \dfrac{27}{2} = 13.5$

이때 n은 자연수라서 제14항에서 처음으로 양수가 된다.

03. 100과 200 사이에 있는 6의 배수는 102, 108, $\cdots$, 198

이때 $102 = 6 \cdot 17$, $198 = 6 \cdot 33$이므로 함수는 33-17+1=17

$\therefore$ 구하는 총합은 첫째항이 102, 끝항이 198, 함수가 17인 등차수열
의 합이므로 $\dfrac{17(102 + 198)}{2} = 2550$

04. $a_n = ar^{n-1}$이라 하자. $\{a_n\}$은 등비수열이므로 $a_n a_{n+1}$도 등비수열이고,

첫째항은 a^2, 공비는 r^2

$$\sum_{n=1}^{10} a_n a_{n+1} = 10 \times \sum_{n=1}^{10} a_{n+2} \Rightarrow \frac{a^2 r(1-r^{20})}{1-r^2} = 10 \times \frac{ar^2(1-r^{10})}{1-r} \Rightarrow \frac{a(1+r^{10})}{1+r} = 10r \quad \cdots\cdots \text{㉠}$$

$$a_{12} + a_2 = 120 \Rightarrow ar^{11} + ar = ar(r^{10}+1) = 120 \Rightarrow r^{10} + 1 = \frac{120}{ar} \quad \cdots\cdots \text{㉡}$$

㉠, ㉡을 연립하면 다음과 같다. $\dfrac{a}{1+r} \times \dfrac{120}{a} = 10r \Rightarrow \dfrac{12}{(1+r)r} = r$

$$\Rightarrow r^3 + r^2 - 12 = 0 \Rightarrow (r-2)(r^2 + 3r + 6) = 0$$

$r^2 + 3r + 6 = 0$을 만족하는 실수 r은 존재하지 않기 때문에

$$r = 2 \quad \therefore \frac{a_7}{a_3} = \frac{ar^6}{ar^2} = r^4 = 16$$

05. 등비수열 $\{a_n\}$의 공비를 $r(r \neq 0)$이라 하면 $a_5 = 8a_2$이므로 $r = 2 \Rightarrow a_n = 2^n$

$$\sum_{k=1}^{7} \left(\frac{a_{k+1} - a_k}{a_{k+1} a_k} \right) = \sum_{k=1}^{7} \left(\frac{1}{a_k} - \frac{1}{a_{k+1}} \right) = \left(\frac{1}{a_1} - \frac{1}{a_2} \right) + \left(\frac{1}{a_2} - \frac{1}{a_3} \right) + \cdots + \left(\frac{1}{a_7} - \frac{1}{a_8} \right)$$

$$= \frac{1}{a_1} - \frac{1}{a_8} = \frac{1}{2} - \frac{1}{2^8} = \frac{127}{256}$$

이므로 $p - q = 129$

06. a_n이 등비수열이므로 $b_n = \log_2 a_n$이라 하면 b_n은 등차수열.

$$\sum_{n=1}^{8} \frac{\log_{a_{n+1}} 2}{\log_8 a_n} = \sum_{n=1}^{8} \frac{1}{\left(\frac{1}{3} \log_2 a_n \right)(\log_2 a_{n+1})} = 3 \sum_{n=1}^{8} \frac{1}{b_n b_{n+1}} = \frac{3}{\log_2 r} \sum_{n=1}^{8} \left(\frac{1}{b_n} - \frac{1}{b_{n+1}} \right)$$

$$= \frac{3}{\log_2 r} \left(\frac{1}{b_1} - \frac{1}{b_9} \right) = \frac{3}{\log_2 r} \left(\frac{1}{2} - \frac{1}{2 + 8\log_2 r} \right) = 3 \Rightarrow \frac{2}{1 + 4\log_2 r} = 1 \Rightarrow \log_2 r = \frac{1}{4}$$

$a_n = 4 \times 2^{\frac{n-1}{4}}$ 이므로 $a_{17} = 4 \times 16 = 64$

07. $a_6 = -a_{15}$이고, 공차 d가 양수이므로 $a_6 < 0 < a_{15}$, $|a_6| = |a_{15}|$이다. 따라서
$$|a_6| + |a_{15}| = 2|a_6| = 36,\ |a_6| = 18 \Rightarrow a_6 = -18,\ a_{15} = 18,\ d = 4$$이므로
$$a_{22} = a_{15} + 6d = 16 + 24 = 40$$

08. $a_n = \sum_{k=1}^{n-1} k = \dfrac{n(n+1)}{2}$이므로 $\displaystyle\sum_{k=1}^{n} \dfrac{1}{a_k} = \sum_{k=1}^{n} \dfrac{2}{k(k+1)}$
$$= 2\sum_{k=1}^{n}\left(\dfrac{1}{k} - \dfrac{1}{k+1}\right) = 2\left\{\left(\dfrac{1}{1} - \dfrac{1}{2}\right) + \left(\dfrac{1}{2} - \dfrac{1}{3}\right) + \cdots + \left(\dfrac{1}{n} - \dfrac{1}{n+1}\right)\right\}$$
$$= 2\left(1 - \dfrac{1}{n+1}\right) = \dfrac{13}{7}$$
$$1 - \dfrac{1}{n+1} = \dfrac{13}{14},\ \dfrac{1}{n+1} = \dfrac{1}{14}\ \text{따라서}\ n = 13$$

09. 등차수열 $\{a_n\}$의 첫째항을 a라 하면
$$a_n = 4n - 4 + a,\ S_n = \sum_{k=1}^{n} a_k = 2n^2 + (a-2)n$$
$$S_4 - a_2 = 32 + 4a - 8 - (a+4) = 3a + 20 = 5,\ a = -5 \Rightarrow a_n = 4n - 9$$
따라서 $\displaystyle\sum_{k=1}^{5} \dfrac{1}{a_k} = -\dfrac{1}{5} - 1 + \dfrac{1}{3} + \dfrac{1}{7} + \dfrac{1}{11} = -\dfrac{41}{55}$

10. $a_1 = S_1 = 9$

$a_7 = S_7 - S_6 = 225 - 169 = 56$ $\quad \therefore \ a_1 + a_7 = 65$

11. 첫째항이 −12이고, −12+3(+1)=24이므로 $n = 11$

12. $S_n = n^2 - 2n, \ S_{n-1} = n^2 - 2n + 1 - 2n = n^2 - 4n + 1$

$S_{n+1} - S_n = 2n - 1 = a_n$

$\therefore a_8 = 16 - 1 = 15$

13. $a_1 - a_4 = a - ar^3 = a(1 - r^3) = a(1 - r)(r^2 + r + 1) = 36$

$a_1 + a_2 + a_3 = a + ar + ar^2 = a(r^2 + r + 1) = 12$

$\therefore 1 - r = 3, \; r = -2$

$a_1 - a_4 = 9a = 36, \; a = 4$

$a_7 = ar^6 = 4 \times 64 = 256$

14. 첫째항을 a, 공차를 d라 하면

$a = 2, \; a_5 = 2 + 4d = 14 \;\; \therefore d = 3$

15. $S_n = \dfrac{n(a + l)}{2} \Rightarrow \dfrac{n(-10 + 30)}{2} = 100 \, a_{10} = a + 9d$

$= -10 + 9d = 30, \; d = \dfrac{40}{9} \;\; \therefore n = 10$

$a_7 = a + 6d = -10 + \dfrac{40 \times 6}{9} = \dfrac{50}{3}$

답안

수학 II

01. $\lim\limits_{x \to 1}(-x^2+5x) = -1+5 = 4$

02. $\lim\limits_{x \to 2-}[x]=1$, $\lim\limits_{x \to 2+}[x]=2$이므로 $\lim\limits_{x \to 2-}(x-[x])=2-1=1$
$\lim\limits_{x \to 2+}(x-[x])=2-2=0$ 따라서 좌극한과 우극한의 값이 다르므로 극한값은 존재하지 않는다.

03. $x-1=t$라 하면 $x \to 2+$일 때 $t \to 1+$이므로 $\lim\limits_{x \to 2+}f(x-1)=\lim\limits_{t \to 1+}f(t)=2$
$2x=s$라 하면 $x \to 1-$일 때, $x \to 2-$이므로 $\lim\limits_{x \to 1-}f(2x)=\lim\limits_{s \to 2-}f(s)=1$
$\therefore \lim\limits_{x \to 2+}f(x-1)+\lim\limits_{x \to 1-}f(2x)=3$

04. $\displaystyle\lim_{x\to\infty}\frac{4x^2-3x+2}{2x^2+x+5}=\lim_{x\to\infty}\frac{4-\dfrac{3}{x}+\dfrac{2}{x^2}}{2+\dfrac{1}{x}+\dfrac{5}{x^2}}=2$

05. $\displaystyle\lim_{x\to-2}\frac{x^2+5x+6}{x+2}=\lim_{x\to-2}\frac{(x+2)(x+3)}{x+2}=\lim_{x\to-2}(x+3)=1$

06. 모든 양수 x에 대하여 $\dfrac{3x-1}{x}<\dfrac{f(x)}{x}<\dfrac{3x^2+2x+1}{x^2+x}$

이때, $\displaystyle\lim_{x\to\infty}\frac{3x-1}{x}=3$, $\displaystyle\lim_{x\to\infty}\frac{3x^2+2x+1}{x^2+x}=3$이므로 함수의 극한의 대소 관계

에 의하여 $\displaystyle\lim_{x\to\infty}\frac{f(x)}{x}=3$

07. $\lim\limits_{x\to\infty}(\sqrt{ax^2+2x+3}-\sqrt{x^2+ax+2})=\lim\limits_{x\to\infty}\dfrac{(a-1)x^2+(2-a)x+1}{\sqrt{ax^2+2x+3}+\sqrt{x^2+ax+2}}$

이때 극한값을 가지므로 $a=1$

$b=\lim\limits_{x\to\infty}\dfrac{x+1}{\sqrt{x^2+2x+3}+\sqrt{x^2+x+2}}$

$=\lim\limits_{x\to\infty}\dfrac{1+\dfrac{1}{x}}{\sqrt{1+\dfrac{2}{x}+\dfrac{3}{x^2}}+\sqrt{1+\dfrac{1}{x}+\dfrac{2}{x^2}}}=\dfrac{1}{2}\qquad\therefore\ a+b=1+\dfrac{1}{2}=\dfrac{3}{2}$

08. $\lim\limits_{x\to0}\dfrac{9x^2-x+3f(x)}{3x^2+2x-2f(x)}=\lim\limits_{x\to0}\dfrac{9x-1+3\dfrac{f(x)}{x}}{3x+2-2\dfrac{f(x)}{x}}$

$=\dfrac{0-1+3\times3}{0+2-2\times3}=-2$

09. $\lim\limits_{x\to3}\dfrac{f(x-1)}{x}=1$에서 $\dfrac{f(2)}{3}=1$이므로 $f(2)=3$

$x-1=t$라 하면 $x\to2$일 때 $t\to1$이므로 $\lim\limits_{x\to2}\dfrac{f(x-1)f(x)}{x-2}=\lim\limits_{t\to1}\dfrac{f(t)f(t+1)}{t-1}$

$=\lim\limits_{t\to1}\dfrac{f(t)}{t-1}\times\lim\limits_{t\to1}f(t+1)=2\times f(2)=6$

10. 선분 OA의 중점 M의 좌표는 $\left(\dfrac{t}{2}, \dfrac{\sqrt{t}}{2}\right)$, 직선 OA의 기울기는 $\dfrac{\sqrt{t}}{t}$이므로

중점 $M\left(\dfrac{t}{2}, \dfrac{\sqrt{t}}{2}\right)$를 지나고 직선 OA와 수직인 직선의 방정식은

$$y = -\sqrt{t}\left(x - \dfrac{t}{2}\right) + \dfrac{\sqrt{t}}{2}$$

이 직선이 x축과 만나는 점의 x좌표 $f(t)$는 $f(t) = \dfrac{t+1}{2}$

또 y축과 만나는 점의 y좌표 $g(t)$는 $g(t) = \dfrac{\sqrt{t}(t+1)}{2}$

$$\therefore \lim_{t \to 0} \dfrac{\{g(t)\}^2}{2f(t) - 1} = \lim_{t \to 0} \dfrac{\dfrac{1}{4}t(t+1)^2}{(t+1) - 1} = \dfrac{1}{4}$$

11. 함수 $f(x) = \dfrac{x+1}{x^2 + 2x - 3}$은 $x^2 + 2x - 3 \neq 0$,

즉 $x \neq 3$, $x \neq 1$인 모든 실수 x에서 연속이므로

$x = -3$, $x = 1$에서 불연속이다.

$$\therefore a + b = -2$$

12. $x \neq -1$일 때, $f(x) = \dfrac{1}{x+1}\left(\dfrac{1}{x-1} + \dfrac{1}{2}\right)$ 이때 함수 $f(x)$는 $x = -1$에서 연속

이므로 $f(-1) = \lim_{x \to -1} f(x)$

$$= \lim_{x \to -1} \dfrac{1}{x+1}\left(\dfrac{1}{x-1} + \dfrac{1}{2}\right) = \lim_{x \to -1}\left\{\dfrac{1}{x+1} \times \dfrac{x+1}{2(x-1)}\right\} = \lim_{x \to -1} \dfrac{1}{2(x-1)} = -\dfrac{1}{4}$$

13. $f(x) = \begin{cases} \dfrac{x^2-2x+a}{x+1} & (x<-1) \\ 3x+b & (x \geq -1) \end{cases}$ 이때 $\lim\limits_{x \to -1-} f(x) = \lim\limits_{x \to -1-} \dfrac{x^2-2x+a}{x+1}$

여기서 $x \to -1-$일 때, (분모)$\to 0$이므로 (분자)$\to 0$에서

$\lim\limits_{x \to -1-} (x^2-2x+a) = 0$ $\therefore$ $a=-3$

$a=-3$을 주어진 식에 대입하면 $\lim\limits_{x \to -1-} f(x) = \lim\limits_{x \to -1-} \dfrac{x^2-2x-3}{x+1}$

$= \lim\limits_{x \to -1-} \dfrac{(x+1)(x-3)}{x+1} = -4$, $\lim\limits_{x \to -1+} f(x) = \lim\limits_{x \to -1+} (3x+b) = b-3$

$f(-1) = b-3$

함수 $f(x)$가 $x=-1$에서 연속이므로 $\lim\limits_{x \to -1-} f(x) = \lim\limits_{x \to -1+} f(x) = f(-1)$

즉 $-4 = b-3$이므로 $b=-1$ $\therefore$ $ab = -3 \times (-1) = 3$

14. $g(x) = f(x) - x - 1$이라 하면 $g(x)$는 연속함수이고 $g(-3) > 0$, $g(-2) > 0$, $g(-1) > 0$, $g(0) < 0$, $g(1) < 0$, $g(2) > 0$이므로 사잇값의 정리에 의하여 방정식 $g(x) = 0$, 즉 $f(x) = x+1$은 열린 구간 $(-1,\ 0)$, $(1,\ 2)$에서 각각 적어도 하나의 실근을 갖는다. 따라서 방정식 $f(x) = x+1$은 열린 구간 $(-3,\ 2)$에서 적어도 2개의 실근을 갖는다.

15. $\lim\limits_{x \to 2} \left\{ \dfrac{1}{x^2-2x} \left(\dfrac{1}{\sqrt{x+7}} - \dfrac{1}{3} \right) \right\} = \lim\limits_{x \to 2} \left\{ \dfrac{1}{x^2-2x} \times \dfrac{3-\sqrt{x+7}}{3\sqrt{x+7}} \right\}$

$= \lim\limits_{x \to 2} \left\{ \dfrac{1}{x^2-2x} \times \dfrac{(3-\sqrt{x+7})(3+\sqrt{x+7})}{3\sqrt{x+7}(3+\sqrt{x+7})} \right\}$

$= \lim\limits_{x \to 2} \left\{ \dfrac{1}{x(x-2)} \times \dfrac{2-x}{3\sqrt{x+7}(3+\sqrt{x+7})} \right\} = \lim\limits_{x \to 2} \left\{ -\dfrac{1}{x} \times \dfrac{1}{3\sqrt{x+7}(3+\sqrt{x+7})} \right\}$

$= \lim\limits_{x \to 2} \left(-\dfrac{1}{x} \right) \times \lim\limits_{x \to 2} \dfrac{1}{3\sqrt{x+7}} \times \lim\limits_{x \to 2} \dfrac{1}{3+\sqrt{x+7}} = \left(-\dfrac{1}{2} \right) \times \dfrac{1}{3 \times 3} \times \dfrac{1}{3+3} = -\dfrac{1}{108}$

01. $f'(x) = 6x^2 - 18$이므로 $f(x) = \displaystyle\int f'(x)\,dx = 2x^3 - 18x + C$ (단, C는 적분상수)

$f'(x) = 6(x - \sqrt{3})(x + \sqrt{3})$이므로 $f'(x) = 0 \Rightarrow x = \pm\sqrt{3}$

x	$\cdots$	$-\sqrt{3}$	$\cdots$	$\sqrt{3}$	$\cdots$
$f'(x)$	$+$	0	$-$	0	$+$
$f(x)$	$\nearrow$	극대	$\searrow$	극소	$\nearrow$

함수 $f(x)$는 $x = -\sqrt{3}$에서 극댓값 $10\sqrt{3}$을 가지므로

$f(-\sqrt{3}) = -6\sqrt{3} + 18\sqrt{3} + C = 10\sqrt{3}$ $\quad \therefore C = -2\sqrt{3}$

따라서 $f(x) = 2x^3 - 18x - 2\sqrt{3}$이므로 함수 $f(x)$의 극솟값은

$f(\sqrt{3}) = 6\sqrt{3} - 18\sqrt{3} - 2\sqrt{3} = -14\sqrt{3} = m$ $\quad \therefore m^2 = 196 \times 3 = 588$

02. $f(x) = 3x^3 + 2x^2 + ax + C$(단, C는 적분상수) $f(0) = 3$이므로 $C = 3$이고

$f'(1) = 6$이므로 $a = -7$이다.

$\therefore f(-1) = -3 + 2 + 7 + 3 = 9$

03. $y = \dfrac{1}{3}x^3 - 2x^2 + 1 \Rightarrow y' = x^2 - 4x$

$\therefore y' = x^2 - 4x$

04. $f(x) = x^n - 5x + 4$로 놓으면

$$f(1) = 0 \quad \lim_{x \to 1} \frac{x^n - 5x + 4}{x - 1} = \lim_{x \to 1} \frac{f(x) - f(1)}{x - 1} = f'(1) = 10$$

이때, $f'(x) = nx^{n-1} - 5$이므로 $f'(1) = n - 5 = 10$ $\therefore n = 15$

05. 지면에 닿을 때는 $h(t) = 0$일 때, $h(t) = -5t^2 + 20t + 25$

$$= -5(t^2 - 4t - 5) = -5(t+1)(t-5) = 0 \Rightarrow t = 5 \ (t > 0)$$

t초 후의 물체의 속도를 $v(t)$라 하면 $v(t) = \dfrac{d}{dt} h(t) = -10t + 20$이므로

$t = 5$일 때의 속력은 $|v(x)| = |-30| = 30\text{m/s}$

06. 함수 $f(x) = x^2 - 3x$는 닫힌 구간 $[1, 2]$에서 연속이고 열린 구간 $(1, 2)$에서 미분 가능.

또한, $f(1) = f(2) = -2$이므로 롤의 정리에 의해 $f'(c) = 0$인 c가 열린 구간 $(1, 2)$에 적어도 하나 존재한다.

이때 $f'(x) = 2x - 3$이므로 $f'(c) = 2c - 3 = 0$ $\therefore c = \dfrac{3}{2}$

07. 함수 $f(x) = x^2 + 4x$는 닫힌 구간 $[0, 2]$에서 연속이고 열린 구간 $(0, 2)$에서 미분 가능하므로 평균값 정리에 의하여

$\dfrac{f(2) - f(0)}{2 - 0} = \dfrac{12}{2} = 6 = f'(c)$인 c가 열린 구간 $(0, 2)$에 적어도 하나 존재한다.

이때 $f'(x) = 2x + 4$이므로 $f'(c) = 2c + 4 = 6$ $\therefore c = 1$

08. 잘라 낸 정사각형의 한 변의 길이를 $x\,(x > 0)$라 하면 $8 - 2x > 0$이므로 $0 < x < 4$

직육면체의 부피를 $f(x)$라 하면

$f(x) = x(12 - 2x)(8 - 2x) = 4x^3 - 36x^2 + 96x$

$f'(x) = 12x^2 - 72x + 96 = 12(x - 4)(x - 2)$

$f'(x) = 0$을 만족시키는 x의 값은 $x = 2$ $(\because 0 < x < 4)$

따라서 $f(x)$는 $x = 2$에서 최댓값 64를 가지므로 직육면체의 부피의 최댓값은 64.

09. 두 점 A, B 사이의 평균변화율 $= \dfrac{(a + 3)^2 - a^2}{3} = 2a + 3$이다.

삼각형 ABC의 밑변을 $\overline{AB}$라 하자.

삼각형 ABC의 높이가 최대가 되기 위해서는 평균값 정리를 만족하는 지점에 점 C가 위치해야 하므로

$2t = 2a + 3 \Rightarrow t = a + \dfrac{3}{2} = f(a)$ $\{f(k)\}^2 = k^2 + 3k + \dfrac{9}{4} = \dfrac{1}{4} \Rightarrow k^2 + 3k + 2 = 0$

근과 계수의 관계에 의해 모든 실수 k의 값의 곱 $= 2$

10. $f(x)$의 양변을 미분하면

$$f'(x) = (2x+a)(x^4 - 2x^3 + 4x^2) + (x^2 + ax)(4x^3 - 6x^2 + 8x)$$

$$\Rightarrow f'(1) = 3(a+2) + 6(a+1) = 30 \Rightarrow 3a + 4 = 10 \quad \therefore a = 2$$

11. $f'(x) = \begin{cases} 8x & (x < 1) \\ 3ax^2 + 4 & (x \geq 1) \end{cases}$ 이고, 함수 $f(x)$가 $x = 1$에서 미분 가능하기 위해서는

$\displaystyle\lim_{x \to 1-} f'(x) = \lim_{x \to 1+} f'(x) = f'(1)$이어야 하므로 $8 = 3a + 4, \quad \therefore a = \dfrac{4}{3}$

12. $f(x)$는 삼차함수이고, 삼차함수가 극값이 존재하지 않기 위해서는 단조 증가하거나 단조 감소해야 한다. $f(x)$의 최고차항의 계수가 양수이므로 $f(x)$는 단조 증가함수가 되어야 한다.

$$f'(x) = 6x^2 - 12x + a \geq 0 \Rightarrow D/4 = 36 - 6a \leq 0 \Rightarrow a \geq 6$$

따라서 정수 a의 최솟값 = 6

13. $f'(x) = \sum\limits_{n=1}^{20} x^n$이므로 $f'\left(\dfrac{1}{3}\right) = \dfrac{1}{3} + \left(\dfrac{1}{3}\right)^2 + \left(\dfrac{1}{3}\right)^3 + \cdots + \left(\dfrac{1}{3}\right)^{20}$

$= \dfrac{\dfrac{1}{3}\left\{1 - \left(\dfrac{1}{3}\right)^{20}\right\}}{1 - \dfrac{1}{3}} = \dfrac{1}{2}\left\{1 - \left(\dfrac{1}{3}\right)^{20}\right\} = \dfrac{3^{20} - 1}{2 \times 3^{20}}$

따라서 $\dfrac{p}{2} - q = 3^{20} - (3^{20} - 1) = 1$

14. 곡선 위 임의의 점을 $P\left(t,\ t^3 - \dfrac{11}{2}t^2 - \dfrac{39}{2}\right)$라 하자. 점$(-2, 0)$과 점$P$ 사이의 평균변화율이 점P에서의 미분계수와 같아야 하므로

$\dfrac{t^3 - \dfrac{11}{2}t^2 - \dfrac{39}{2}}{t + 2} = 3t^2 - 11 \Rightarrow 4t^3 + t^2 - 44t + 39 = 0 \Rightarrow (t - 1)(4t^2 + 5t - 39) = 0$

$y = 4x^2 + 5x - 39$에 대하여 $D > 0$이므로 두 개의 실근이 존재근과 계수의 관계에 의해 $4t^3 + t^2 - 44t + 39 = 0$을 만족하는 모든 t의 합 $= -\dfrac{1}{4} = b$

$\therefore a + b = 3 - \dfrac{1}{4} = \dfrac{11}{4}$

15. $f'(x) \geq 0$ 또는 $f'(x) \leq 0$

$f'(x) = 3ax^2 + 2bx - 2$

$a = 1$이면 $f'(x) \geq 0$이 될 수 없으므로 $a = -1$

$f'(x) \leq 0 \Rightarrow D/4 = b^2 - 6 \leq 0$이므로 $n = 2$이다. 따라서

$f(an) = f(-2) = 8 + 4b + 4 - 4b = 12 \Rightarrow -\sqrt{6} \leq b \leq \sqrt{6} \leq 3$

3. 적분

01. $\displaystyle\int_{1}^{4} \frac{1}{x\sqrt{x}}\,dx = \int_{1}^{4} x^{-\frac{3}{2}}\,dx = \left[-\frac{1}{2}x^{-\frac{1}{2}} \right]_{1}^{4} = -\frac{1}{2}\left(\frac{1}{2}-1 \right) = \frac{1}{4}$

02. $\displaystyle\int_{-1}^{3} (x^3 - 3x^2 + 3x - 1)\,dx = \int_{-1}^{3} (x-1)^3\,dx$

x축 방향으로 -1만큼 평행이동하면 $\displaystyle\int_{-2}^{2} x^3\,dx$이고 $y=x^3$은 기함수이므로 $\displaystyle\int_{-2}^{2} x^3\,dx = 0$이다.

03. $g(x)=xf(x-4)$라 할 때, $\displaystyle\int_{2}^{6} g(x)\,dx = \int_{-2}^{2} g(x+4)\,dx$이므로

$\displaystyle\int_{2}^{6} xf(x-4)\,dx = \int_{-2}^{2} (x+4)f(x)\,dx$이다.

함수 $f(x)$가 우함수이므로 함수 $xf(x)$는 기함수이다. 따라서

$\displaystyle\int_{-2}^{2} (x+4)f(x)\,dx = \int_{-2}^{2} \{xf(x)+4f(x)\}\,dx = 0 + 2\int_{0}^{2} 4f(x)\,dx = 8\int_{0}^{2} f(x)\,dx$

이므로 $\displaystyle\int_{2}^{6} xf(x-4)\,dx = 8\int_{0}^{2} f(x)\,dx = 8 \Rightarrow \int_{0}^{2} f(x)\,dx = 1$

04. $f(0)=1$이므로 $d=1$

$$\int_0^1 f(x)dx = \left[\frac{a}{4}x^4 + \frac{b}{3}x^3 + \frac{c}{2}x^2 + x\right]_0^1 = \frac{a}{4} + \frac{b}{3} + \frac{c}{2} + 1 = 0$$

$$\Rightarrow 3a + 4b + 6c + 12 = 0 \quad \cdots\cdots \text{㉠}$$

$$\int_0^1 xf(x)dx = \frac{a}{5} + \frac{b}{4} + \frac{c}{3} + \frac{1}{2} = 0 \Rightarrow 12a + 15b + 20c + 30 = 0 \quad \cdots\cdots \text{㉡}$$

$$\int_0^1 x^2 f(x)dx = \frac{a}{6} + \frac{b}{5} + \frac{c}{4} + \frac{1}{3} = 0 \Rightarrow 10a + 12b + 15c + 20 = 0 \quad \cdots\cdots \text{㉢}$$

㉠, ㉡, ㉢을 연립하면 $a=-20,\ b=30,\ c=-12$이다.

$f(x)=-20x^3 + 30x^2 - 12x + 1$이므로 $f(1)=-20+30-12+1=9$

05. 주어진 식의 양변에 $x=1$을 대입하면 $f(1)=a$,

양변을 x에 대해 미분하면 $f'(x)=2x-1-f(x) \Rightarrow f(x)+f'(x)=2x-1$이다.

함수 $f(x)$는 최고차항의 계수가 2인 일차함수이므로

$f(x)=2x-2+a$라 하면 $f'(x)=2$이므로

$f(x)+f'(x)=2x-2+a+2=2x-1$

$f(1)+f'(1)=1 \Rightarrow a=-1$이고 $f(x)=2x-3$이므로 $f(7)=11$

06. $\displaystyle\int_{-1}^6 \frac{27}{x-1}dx = \int_1^8 \frac{27}{x-3}dx$

$$\int_1^8 \frac{x^3}{x-3}dx - \int_1^8 \frac{27}{x-3}dx = \int_1^8 \frac{x^3-27}{x-3}dx$$

$$= \int_1^8 \frac{(x-3)(x^2+3x+9)}{x-3}dx = \int_1^8 (x^2+3x+9)dx$$

$$= \left[\frac{1}{3}x^3 + \frac{3}{2}x^2 + 9x\right]_1^8 = \frac{77}{6}$$

07. $\displaystyle\int_{-5}^{-2} xf(x)dx + \int_{-2}^{2} xf(x)dx = \int_{-5}^{2} xf(x)dx$

$\displaystyle = \int_{-5}^{0} xf(x)dx + \int_{0}^{2} xf(x)dx = \int_{-5}^{0} (5x^2 + 2x)dx + \int_{0}^{2} (x^3 + 3x^2 + 2x)dx$

$\displaystyle = \left[\frac{5}{3}x^3 + x^2\right]_{-5}^{0} + \left[\frac{1}{4}x^4 + x^3 + x^2\right]_{0}^{2} = \frac{598}{3}$

08. 함수 $f(x)$가 우함수일 때, $\displaystyle\int_{-a}^{a} f(x)dx = a\int_{0}^{a} f(x)dx$

함수 $f(x)$가 기함수일 때, $\displaystyle\int_{-a}^{a} f(x)dx = 0$이다.

$y = 4x^3 + 2x$은 기함수, $y = 3x^2 + 4$는 우함수.

$\displaystyle\int_{-a}^{a} (4x^3 + 3x^2 + 2x + 4)dx = 2\int_{0}^{a} (3x^2 + 4)dx = 2\left[x^3 + 4x\right]_{0}^{a}$

$= 2(a^3 + 4a) = 10 \Rightarrow a = 1$

09. $\displaystyle\int_{-4}^{0} |f(x)|dx = \int_{-4}^{0} |x^3 + 4x^2|dx$

$\displaystyle = \left|\left[\frac{1}{4}x^4 + \frac{4}{3}x^3\right]_{-4}^{0}\right| = \left|-\left(64 - \frac{256}{3}\right)\right| = \frac{64}{3}$

10. $\int_1^4 (x-2)|x-2|\,dx = \int_1^2 (x-2)(2-x)\,dx + \int_2^4 (x-2)^2\,dx$

$\quad = -\left[\dfrac{1}{3}(x-2)^3\right]_1^2 + \left[\dfrac{1}{3}(x-2)^3\right]_2^4 = \dfrac{1}{3} + \dfrac{1}{3} = \dfrac{2}{3}$

11. $g(x) = \int_2^x f(t)\,dt$라 하자.

$\quad g(2) = 8 - 4 + 2\displaystyle\int_0^1 f(t)\,dt$이므로 $\displaystyle\int_0^1 f(t)\,dt = -2$이다.

$\quad g(x)$를 x에 대하여 미분하면

$\quad g'(x) = f(x) = 3x^2 - 2x + \displaystyle\int_0^1 f(t)\,dt = 3x^2 - 2x - 2$

$\quad f'(x) = 6x - 2$이므로 $f'(3) = 16$

12. 주어진 식에 $x = 0$을 대입하면 $f(0) = 5$

$\quad$주어진 식의 양변을 x에 대하여 미분하면 $f'(x) + x^3 + f'(x) = 5x^3 - \dfrac{3}{4}x^2 + 2$

$\quad f'(x) = 2x^3 - \dfrac{3}{8}x^2 + 1$

$\quad f(x) = \displaystyle\int \left(2x^3 - \dfrac{3}{8}x^2 + 1\right)dx = \dfrac{1}{2}x^4 - \dfrac{1}{8}x^3 + x + 5 \quad (\because f(0) = 5)$

$\quad$따라서 $\displaystyle\int_0^1 \{f(x) + f'(x)\}\,dx = \int_0^1 f(x)\,dx + f(1) - f(0)$

$\quad = \left[\dfrac{1}{10}x^5 - \dfrac{1}{32}x^4 + \dfrac{1}{2}x^2 + 5x\right]_0^1 + \dfrac{41}{8} - 5 = \dfrac{99}{16} + \dfrac{1}{8} = \dfrac{101}{16}$

13. $a_n = 4n - 3$이므로 $\displaystyle\sum_{k=1}^{n} a_k = \sum_{k=1}^{n}(4k-3) = 2n^2 - 1$

$f(x) = 3x^2 + \displaystyle\int_0^x \sum_{k=1}^{n} a_n\, dn = 3x^2 + \int_0^x (2n^2 - 1)\, dn$

$f'(x) = 6x + 2x^2 - 1$이므로 $f'(a_2) = f'(5) = 79$

14. $(x-2)^2 = -x^2 + 4x - 2$, $x = -1$, -3이므로

$A = \displaystyle\int_{-3}^{-1} \left\{ (x-2)^2 - (-x^2 + 4x - 2) \right\} dx = \left[\frac{2}{3}x^3 - 4x^2 + 6x \right]_{-3}^{-1}$

$= \left(-\dfrac{2}{3} - 4 - 6 \right) - (-18 - 36 - 18) = \dfrac{184}{3}$

$x^2 = 2x + 3$, $x = -1$, 3이므로

$B = \displaystyle\int_{-1}^{3} (-x^2 + 2x + 3)\, dx = \left[-\frac{1}{3}x^3 + x^2 + 3x \right]_{-1}^{3} = \frac{32}{3}$

따라서 $3A + 3B = 216$

15. 주어진 식의 양변에 $x = 1$을 대입하면 $0 = 4 - 4a$, $a = 1$

주어진 식의 양변을 x에 대하여 미분하면 $f(x) = 12x^2 - 6ax = 12x^2 - 6x$

함수 $f(x)$를 x에 대하여 미분하면 $f'(x) = 24x - 6$

따라서 $f'(f(a)) = f'(5) = 138$

실전 논술고사

수학 I

01. $\left(1+2\sin\dfrac{\pi}{3}\right)\left(1-3\tan\dfrac{\pi}{6}\right)=\left(1+2\times\dfrac{\sqrt{3}}{2}\right)\left(1-3\times\dfrac{\sqrt{3}}{3}\right)$

$=(1+\sqrt{3})(1-\sqrt{3})=1-3=-2$

02. $\sin x+\cos x=\dfrac{\sqrt{5}}{2}$의 양변을 제곱하면 $\sin^2 x+2\sin x\cos x+\cos^2 x=\dfrac{5}{4}$

$1+2\sin x\cos x=\dfrac{5}{4}$ $\quad\therefore\ \sin x\cos x=\dfrac{1}{8}$

03. $\sin\theta+\cos\theta=\dfrac{1}{3}$의 양변을 제곱하면 $\sin^2\theta+2\sin\theta\cos\theta+\cos^2\theta=\dfrac{1}{9}$

$\sin\theta\cos\theta=-\dfrac{4}{9}$

$\therefore\ \tan\theta+\dfrac{1}{\tan\theta}=\dfrac{\sin\theta}{\cos\theta}+\dfrac{\cos\theta}{\sin\theta}=\dfrac{\sin^2\theta+\cos^2\theta}{\cos\theta\sin\theta}$

$=\dfrac{1}{\sin\theta\cos\theta}=-\dfrac{9}{4}$

04. $\cos^2\theta = 1 - \sin^2\theta = 1 - \left(-\dfrac{2}{3}\right)^2 = \dfrac{5}{9}$

$\therefore \dfrac{\cos\theta}{\tan\theta} = \dfrac{\cos^2\theta}{\sin\theta} = \dfrac{\dfrac{5}{9}}{-\dfrac{2}{3}} = -\dfrac{5}{6}$

05. $\cos 1560° = \cos(360° \times 4 + 120°) = \cos 120° = -\dfrac{1}{2}$

$\tan 135° = \tan(180° - 45°) = -\tan 45° = -1$

$\therefore \log_2|\cos 1560°| + \log_2|\tan 135°| = \log_2\dfrac{1}{2} + \log_2 1 = -1$

06. $\dfrac{2^{\sqrt{5}+1}}{2^{\sqrt{5}-1}} = 2^{(\sqrt{5}+1)(\sqrt{5}-1)} = 2^{5-1} = 16$

07. $\dfrac{1}{\sqrt[4]{3}} + 3^{-\frac{3}{4}} = 3^{-\frac{1}{4}} + 3^{-\frac{3}{4}} = 3^{-1} = \dfrac{1}{3}$

08. $a^2 = 5,\ b^8 = 7,\ c^{20} = 10$

$a = 5^{\frac{1}{2}},\ b = 7^{\frac{1}{8}},\ c = 10^{\frac{1}{20}}$

$(abc)^n$가 자연수가 되기 위해서는 세 수의 각각의 지수가 자연수가 되어야 하므로 n은 2, 8, 20의 최소 공배수가 되어야 하므로 n의 최솟값은 40.

09. $\dfrac{3^a + 3^{-a}}{3^a - 3^{-a}} = -2,\ \left(\dfrac{3^a + 3^{-a}}{3^a - 3^{-a}}\right)^2 = 4\quad \dfrac{3^{2a} + 3^{-2a} + 2}{3^{2a} + 3^{-2a} - 2} = 4$

$3^{2a} + 3^{-2a} = A$로 치환하면

$\dfrac{A + 2}{A - 2} = 4,\ A + 2 = 4A - 8,\quad 3A = 10,\ A = \dfrac{10}{3}$

10. $-n^2 + 12n - 20$의 n제곱근 중에서 음의 실수가 존재하는 조건은 $-n^2 + 12n - 20 > 0$ 또는 $-n^2 + 12n - 20 < 0$이어야 한다. 이때 $-n^2 + 12n - 20 = -(n-10)(n-2)$이므로 n = 3~9이다. 따라서 n의 모든 값의 합은 42.

11. $\log_{12}3 + \log_{12}4 = \log_{12}(3 \times 4) = \log_{12}12 = 1$

12. $\log_{14}2 + \log_{14}7 = \log_{14}(2 \times 7) = \log_{14}14 = 1$

13. $\log_b a = \dfrac{\log_3 a}{\log_3 b} = \dfrac{48}{8} = 6$

14. $\log_b a = \dfrac{\log_2 a}{\log_2 b} = \dfrac{63}{9} = 7$

15. 첫째항이 a, 공비가 r인 등비수열의 첫째항부터 제n항까지의 합을 S_n이

라 하면 $S_{10} = \dfrac{a(1-r^{10})}{1-r} = 3$ ······ ㉠

또 제11항부터 제20항까지의 합이 18이므로 $S_{20} - S_{10} = 21$

즉 $S_{20} = 21 + S_{10} = 21 + 3 = 24$이므로 $S_{20} = \dfrac{a(1-r^{20})}{1-r}$

$= \dfrac{a(1-r^{10})(1+r^{10})}{1-r} = 21$ ······ ㉡

㉠을 ㉡에 대입하면 $3(1+r^{10}) = 24$ ∴ $r^{10} = 7$

∴ $S_{30} = \dfrac{a(1-r^{30})}{1-r} = \dfrac{a(1-r^{10})(1+r^{10}+r^{20})}{1-r} = \dfrac{a(1-r^{10})}{1-r}(1+r^{10}+r^{20})$

$= 3(1+7+7^2) = 171$ 따라서 제21항부터 제30항까지의 합 $S_{30} - S_{20}$은

$S_{30} - S_{20} = 171 - 24 = 147$

01. $f(x) = x^3 - 3x - 1$에서 $f'(x) = 3x^2 - 3 = 3(x+1)(x-1)$

$f'(x) = 0$에서 $x = -1$, $x = 1$ 함수 $f(x)$의 증가와 감소를 표로 나타내면
다음과 같다.

x	$\cdots$	-1	$\cdots$	1	$\cdots$
$f'(x)$	$+$	0	$-$	0	$+$
$f(x)$	$\nearrow$	1	$\searrow$	-3	$\nearrow$

방정식 $|f(x)| = a$의 서로 다른 실근의 개수는 함수 $y = |f(x)|$의 그래프
와 직선 $y = a$의 교점의 개수와 같다. 따라서 $y = |f(x)|$의 그래프와 직선
$y = a$가 서로 다른 네 점에서 만나도록 하는 a의 값의 범위는 $1 < a < 3$
이므로 구하는 자연수 a의 값은 2.

02. 함수 $f(x)$는 $x = 1$에서 연속이므로 $\lim\limits_{x \to 1-} f(x) = \lim\limits_{x \to 1+} f(x) = f(1)$

즉 $1 + a = b + 2$ $\therefore$ $a - b = 1$ $\cdots\cdots$ ㉠

함수 $f(x)$는 $x = 1$에서 미분계수가 존재하므로

$$\lim_{x \to 1-} \frac{f(x) - f(1)}{x - 1} = \lim_{x \to 1-} \frac{x^3 + ax - (b+2)}{x - 1}$$

$$= \lim_{x \to 1-} \frac{x^3 + ax - (1+a)}{x - 1} = \lim_{x \to 1-} \frac{(x-1)(x^2 + x + 1 + a)}{x - 1} = a + 3$$

$$\lim_{x \to 1+} \frac{f(x) - f(1)}{x - 1} = \lim_{x \to 1+} \frac{(bx^2 + x + 1) - (b+2)}{x - 1} = \lim_{x \to 1+} \frac{(x-1)(bx + b + 1)}{x - 1} = 2b + 1$$

따라서 $a + 3 = 2b + 1$에서 $a - 2b = -2$ $\cdots\cdots$ ㉡

㉠, ㉡을 연립하여 풀면 $a = 4$, $b = 3$ $\therefore$ $a + b = 7$

03. $f(x) = x^3 - 2x^2 - x$라 하면 $f'(x) = 3x^2 - 4x - 1$

접점의 좌표를 $(t,\ t^3 - 2t^2 - t + 2)$라 하면 이 점에서의 접선의 기울기는

$f'(t) = 3t^2 - 4t - 1$이므로 접선의 방정식은

$y - (t^3 - 2t^2 - t + 2) = (3t^2 - 4t - 1)(x - t)$ $\quad \therefore\ y = (3t^2 - 4t - 1)x - 2t^3 + 2t^2 + 2$

이 직선이 점 $(2,\ -2)$를 지나므로 $-2 = -2t^3 + 8t^2 - 8t$

즉 $t^3 - 4t^2 + 4t - 1 = (t - 1)(t^2 - 3t + 1) = 0$

$t^2 - 3t + 1 = 0$에서 $t \neq 1$이고 판별식 $D = 9 - 4 > 0$이므로 이 방정식의 서

로 다른 두 실근을 α, β라 하자. 이때 $\alpha + \beta = 3$이므로 접선의 개수는 3

이고, 모든 접점의 x좌표의 합은 $1 + 3 = 4$ 따라서 $a = 3$, $b = 4$이므로

$a + b = 7$

04. $F(x) = f(x)g(x)$라 하면 $F(0) = f(0)g(0) = (-3) \times (-1) = 3$

$\displaystyle \lim_{h \to 0} \frac{f(3h)g(3h) - 3}{h} = \lim_{h \to 0} 3 \times \frac{F(3h) - F(0)}{3h} = 3F'(0)$

$F(x) = f(x)g(x) = (2x^3 - 3)(-x^2 + 3x - 1)$에서

$F'(x) = 6x^2(-x^2 + 3x - 1) + (2x^3 - 3)(-2x + 3)$ $\quad \therefore\ F'(0) = -9$

$\therefore\ \displaystyle \lim_{h \to 0} \frac{f(3h)g(3h) - 3}{h} = 3F'(0) = -27$

05. $h(x)=f(x)-g(x)$라 하면 $h(x)=4x^3-3x^2-(6x-a)=4x^3-3x^2-6x+a$

$h'(x)=12x^2-6x-6=6(2x+1)(x-1)$ $h'(x)=0$에서 $x=-\dfrac{1}{2}$ 또는 $x=1$

함수 $h(x)$의 증가와 감소를 표로 나타내면 다음과 같다.

x	-1	$\cdots$	$-\frac{1}{2}$	$\cdots$	1	$\cdots$	2
$h'(x)$		$+$	0	$-$	0	$+$	
$h(x)$	$a-1$	$\nearrow$	$a+\frac{7}{4}$	$\searrow$	$a-5$	$\nearrow$	$a+8$

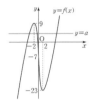

닫힌 구간 $[-1,\,2]$에서 함수 $h(x)$는 $x=1$일 때 극소 이면서 최솟값을 가지므로 주어진 부등식을 만족시키 려면 $h(1)=a-5\geq0$, 즉 $a\geq5$

따라서 실수 a의 최솟값은 5.

06. $\displaystyle\lim_{x\to n}\dfrac{[x]^2+4x}{[x]}$가 극한값이 존재하므로 $x=n$에서의 우극한과 좌극한이 같다.

$$\lim_{x\to n+}\dfrac{[x]^2+4x}{[x]}=\dfrac{n^2+4n}{n}=n+4$$

$$\lim_{x\to n-}\dfrac{[x]^2+4x}{[x]}=\dfrac{(n-1)^2+4n}{n-1}=\dfrac{n^2+2n+1}{n-1}$$

따라서 $\dfrac{n^2+2n+1}{n-1}=n+4$이므로 $n=5$

그러므로 $\displaystyle\lim_{x\to3}\dfrac{[x]^2+4x}{[x]}=9$

07. $\displaystyle\lim_{x\to\infty}\frac{\sqrt{x+\alpha^2}-\sqrt{x+\beta^2}}{\sqrt{9x+\alpha}-\sqrt{9x+\beta}}=\lim_{x\to\infty}\frac{(x+\alpha^2-x-\beta^2)(\sqrt{9x+\alpha}+\sqrt{9x+\beta})}{(9x+\alpha-9x-\beta)(\sqrt{x+\alpha^2}+\sqrt{x+\beta^2})}$

$\displaystyle=\lim_{x\to\infty}\left(\frac{\alpha^2-\beta^2}{\alpha-\beta}\times\frac{\sqrt{9+\dfrac{\alpha}{x}}+\sqrt{9+\dfrac{\beta}{x}}}{\sqrt{1+\dfrac{\alpha^2}{x}}+\sqrt{1+\dfrac{\beta^2}{x}}}\right)$

$\displaystyle=(\alpha+\beta)\times\frac{6}{2}=3(\alpha+\beta)=3\times1=3$

08. 함수 $f(x)$가 $x=2$에서 연속이므로 $f(2)=\displaystyle\lim_{x\to2}f(x)$

$9=8+k\quad\therefore\ k=1$

이때, $f(1+x)=f(1-x)$에 $x=5$를 대입하면

$f(6)=f(-4)=217\quad\therefore\ f(-4)=217$

09. $\displaystyle\lim_{x\to a}\frac{xf(3x)-af(3a)}{x-a}=\lim_{x\to a}\frac{xf(3x)+af(3x)-af(3x)-af(3a)}{x-a}$

$\displaystyle=\lim_{x\to a}\frac{(x-a)f(3x)}{x-a}+3a\lim_{x\to a}\frac{f(3x)-f(3a)}{3x-3a}=f(3a)+3af'(3a)$

10. $f(x) = ax^3 + bx^2 + cx + d$, $f'(x) = 3ax^2 + 2bx + c$

$f(0) = d = 0$, $f'(0) = c = 3$, $f'(1) = 3a + 2b + c = 0$, $f'(-1) = 3a - 2b + c = 0$이므로

$a = -1$, $b = 0$, $c = -1$, $d = 0$ $\quad \therefore \quad f(x) = -x^3 + 3x = -x(x + \sqrt{3})(x - \sqrt{3})$

그러므로 $f(x) = 0$의 양의 근 $t = \sqrt{3}$

$\therefore \quad \lim\limits_{x \to t} \dfrac{f(x)}{x - t} = \lim\limits_{x \to t} \dfrac{f(x) - f(t)}{x - t} = f'(t) = f'(\sqrt{3}) = 2$

11. 시각 t에서 두 점 P, Q의 속도를 각각 v_P, v_Q라고 하면

$v_P = 2t - 4$, $v_Q = 2t - 10$

이때 두 점 P, Q가 서로 반대 방향으로 움직이려면 $(2t - 4)(2t - 10) < 0$

$4(t - 2)(t - 5) < 0$ $\quad \therefore \quad 2 < t < 5$ 즉, $a = 2$, $b = 5$이므로 $a \times b = 10$

12. $\displaystyle\int (x - a)dx = \dfrac{1}{2}x^2 - ax + C = \dfrac{1}{2}(x - a)^2 - \dfrac{1}{2}a^2 + C$

이때 $x = 3$에서 최솟값을 가지려면 $a = 3$

13. $\displaystyle\int_0^1 f(x)\,dx + \int_1^2 f(x)\,dx = \int_0^2 f(x)\,dx$이므로

$$\int_0^2 (6x^2 - 8x + 3)\,dx = \left[2x^3 - 4x^2 + 3x\right]_0^2 = 16 - 16 + 6 = 6$$

14. $\displaystyle\int_{-2}^2 (10x^4 - 6x + 7)\,dx = \left[2x^5\right]_{-2}^2 = 64 - (-64) = 128$

15. 함수 $f(x)$가 $x = 2$에서 미분 가능하므로 $x = 2$에서 연속.

따라서 $\displaystyle\lim_{x \to 2-} f(x) = \lim_{x \to 2-} (ax + b) = 2a + b$

$\displaystyle\lim_{x \to 2+} f(x) = \lim_{x \to 2+} (x^2 - ax) = 4 - 2a$

$\displaystyle\lim_{x \to 2-} f(x) = \lim_{x \to 2+} f(x)$이므로 $4a + b = 2$ ······ (i)

또한, 함수 $f(x)$가 $x = 2$에서 미분 가능하므로 $x = 2$에서의 우 미분

계수와 좌 미분 계수가 같다.

즉, $a = 4 - a$, $\therefore a = 2$ ······ (ii)

(i) 식에 a를 대입하면 $b = -6$

$a - b = 2 - (-6) = 8$

수학 Ⅰ·Ⅱ

01. $-1 \leq \cos a(2x-1) \leq 1$에서 $0 \leq 2\cos a(2x-1)+2 \leq 4$ 즉 $M=4$, $m=0$

또 $a > 0$이므로 함수 $y = 2\cos 2ax$의 주기는 $\dfrac{2\pi}{2a} = \dfrac{\pi}{a}$

즉 함수 $y = 2\cos a(2x-1)+2$의 주기도 $\dfrac{\pi}{a}$이다.

$\dfrac{\pi}{a} = \dfrac{\pi}{4}$에서 $a = 4$ $\therefore$ $M+m+a = 4+0+4 = 8$

02. $\angle \mathrm{ACB} = \angle \mathrm{ADB} + \dfrac{\pi}{2}$이고 $\overline{\mathrm{AB}} = a$라 하면

$\angle \mathrm{CAB} = \dfrac{\pi}{4}$이므로 $\overline{\mathrm{AC}} = \overline{\mathrm{BC}} = \dfrac{\sqrt{2}}{2}a$

$\angle \mathrm{DAB} = \dfrac{\pi}{6}$이므로 $\overline{\mathrm{AD}} = \dfrac{\sqrt{3}}{2}a$, $\overline{\mathrm{BD}} = \dfrac{1}{2}a$

한편 $\angle \mathrm{CAD} = \dfrac{\pi}{4} + \dfrac{\pi}{6} = \dfrac{5}{12}\pi$이고 $\angle \mathrm{CBD} = \pi - \angle \mathrm{CAD} = \dfrac{7}{12}\pi$이므로

$S_1 = \dfrac{1}{2} \times \overline{\mathrm{AD}} \times \overline{\mathrm{AC}} \times \sin\dfrac{5}{12}\pi = \dfrac{\sqrt{6}}{8}a^2\sin\dfrac{5}{12}\pi$

$S_2 = \dfrac{1}{2} \times \overline{\mathrm{BD}} \times \overline{\mathrm{BC}} \times \sin\dfrac{7}{12}\pi = \dfrac{\sqrt{2}}{8}a^2\sin\dfrac{7}{12}\pi$

이때 $\sin\dfrac{7}{12}\pi = \sin\left(\pi - \dfrac{5}{12}\pi\right) = \sin\dfrac{5}{12}\pi$이므로 $\dfrac{S_2}{S_1} = \dfrac{\dfrac{\sqrt{2}}{8}a^2\sin\dfrac{7}{12}\pi}{\dfrac{\sqrt{6}}{8}a^2\sin\dfrac{5}{12}\pi}$

$= \dfrac{1}{\sqrt{3}} = \dfrac{\sqrt{3}}{3}$

03. 진수조건에 의하여 $x > -1$이다.

$\log_2(x+1) + \log_2(x+3) = 3$로부터

$\log_2(x+1)(x+3) = 3$이므로 $(x+1)(x+3) = 8$이다.

$x^2 + 4x - 5 = 0$이므로 $(x-1)(x+5) = 0$이다.

$\therefore x = 1$ $(\because x > -1)$

04. $\cos\theta = \dfrac{\sqrt{5}}{5}$ 이므로 $\sin\theta = \sqrt{1 - \dfrac{1}{5}} = \dfrac{2\sqrt{5}}{5}$ $\left(\because 0 < \theta < \dfrac{\pi}{2}\right)$

$\Rightarrow \tan\theta = 2$ 이다. 따라서 $\tan\left(\theta - \dfrac{\pi}{4}\right) = \dfrac{\tan\theta - \tan\dfrac{\pi}{4}}{1 + \tan\theta\,\tan\dfrac{\pi}{4}} = \dfrac{1}{3}$

05. 부채꼴의 반지름의 길이 r과 중심각의 크기 θ가 $r = 3$, $\theta = \dfrac{5}{6}\pi$이므로 부

채꼴의 호의 길이 l은 $l = r\theta = 3 \times \dfrac{5}{6}\pi = \dfrac{5}{2}\pi$

부채꼴의 넓이 S는 $S = \dfrac{1}{2}r^2\theta = \dfrac{1}{2} \times 3^2 \times \dfrac{5}{6}\pi = \dfrac{15}{4}\pi$

따라서 $a = \dfrac{5}{2}$, $b = \dfrac{15}{4}$이므로, $a + b = \dfrac{25}{4}$

06. $a_1 = S_1 = 9$

$a_7 = S_7 - S_6 = 225 - 169 = 56$ $\qquad \therefore a_1 + a_7 = 65$

07. $a_3 = 3$이므로 a_2의 값으로 가능한 것은 1 또는 4.

ⅰ) $a_2 = 1$일 때, a_1의 값으로 가능한 것은 -1 또는 2.

ⅱ) $a_2 = 4$일 때, a_1의 값으로 가능한 것은 5.

위의 두 경우에 의해 구하는 모든 a의 값의 합은 $(-1)+2+5=6$

08. $\dfrac{a_{n+1}}{a_n} = \dfrac{2}{3}$이므로 수열 a_n의 공비를 r이라고 할 때 $r = \dfrac{2}{3}$

$\therefore a_n = 2\left(\dfrac{2}{3}\right)^{n-1}$

$a_n a_{n+2} = b_n$이라 할 때, $b_n = \dfrac{16}{9}\left(\dfrac{4}{9}\right)^{n-1}$

따라서 $\displaystyle\sum_{n=1}^{\infty} b_n = \dfrac{\frac{16}{9}}{1-\frac{4}{9}} = \dfrac{16}{5}$ $\therefore p+q = 21$

09. $f(x)$의 양변을 미분하면

$f'(x) = (2x+a)(x^4-2x^3+4x^2)+(x^2+ax)(4x^3-6x^2+8x)$

$\Rightarrow f'(1) = 3(a+2)+6(a+1) = 30 \Rightarrow 3a+4 = 10$

$\therefore a = 2$

10. 함수 $f(x)g(x)$가 $x=2$에서 연속이려면

$$\lim_{x \to 2-} f(x)g(x) = \lim_{x \to 2+} f(x)g(x) = f(2)g(2)$$

$$\lim_{x \to 2-} f(x)g(x) = \lim_{x \to 2-} (3x+4)(3x^2+a) = 10 \times (a+12)$$

$$\lim_{x \to 2+} f(x)g(x) = \lim_{x \to 2+} (-2x+1)(3x^2+a) = -3 \times (a+12)$$

$f(2)g(2) = -3 \times (a+12)$이므로 $10(a+12) = -3(a+12)$, $13(a+12) = 0$

따라서 $a = -12$

11. $f(x)$가 $f(0)=f(1)=f(2)=f(3)=k$를 만족하므로

$f(x) = x(x-1)(x-2)(x-3)+k$

$f(5) = 5 \times 4 \times 3 \times 2 + k = 120 + k = 144$이므로 $k=24$

$f'(x) = (x-1)(x-2)(x-3) + x(x-2)(x-3) + x(x-1)(x-3) + x(x-1)(x-2)$

$f(6) = 6 \times 5 \times 4 \times 3 + 24 = 384$

$f'(6) = 5 \times 4 \times 3 + 6 \times 4 \times 3 + 6 \times 5 \times 3 + 6 \times 5 \times 4 = 342$

$f(6) - f'(6) = 42$

12. $\lim_{x \to 3} \dfrac{\sqrt{2x+3}-3}{x-3} = \lim_{x \to 3} \dfrac{(\sqrt{2x+3}-3)(\sqrt{2x+3}+3)}{(x-3)(\sqrt{2x+3}+3)}$

$= \lim_{x \to 3} \dfrac{2(x-3)}{(x-3)(\sqrt{2x+3}+3)} = \lim_{x \to 3} \dfrac{2}{\sqrt{2x+3}+3}$

$= \dfrac{1}{3}$

13. $x=a$에서 연속이므로 $\lim\limits_{x \to a-} f(x) = \lim\limits_{x \to a+} f(x) = f(a)$

$a+4 = a^2 - 2a$

$a^2 - 3a - 4 = 0, \quad a = 4 \ (a > 0) \quad \therefore 4$

14. $x = -t$라 하면 $x \to -\infty$일 때, $t \to \infty$이므로

$$\lim_{x \to -\infty} \frac{x - \sqrt{x^2 - 4}}{x + 2} = \lim_{t \to \infty} \frac{-t - \sqrt{t^2 - 4}}{-t + 2} = \lim_{t \to \infty} \frac{t + \sqrt{t^2 - 4}}{t - 2}$$

$$= \lim_{t \to \infty} \frac{1 + \sqrt{1 - \dfrac{4}{t^2}}}{1 - \dfrac{2}{t}} = 2$$

15. $\lim\limits_{x \to \infty} \dfrac{3x^3 - xf(x)}{\dfrac{1}{2}x^3 + f(x)} = \lim\limits_{x \to \infty} \dfrac{3 - \dfrac{f(x)}{x^2}}{\dfrac{1}{2} + \dfrac{f(x)}{x^3}} = \dfrac{3-3}{\dfrac{1}{2} + 0} = 0$